中国非法贸易动物鉴定丛书

非法贸易动物及制品鉴定

——鸟类动物篇

李旺明　苏栋栋　阳建春　主编

SPM
南方传媒 广东科技出版社
全国优秀出版社
·广州·

图书在版编目（CIP）数据

非法贸易动物及制品鉴定．鸟类动物篇 / 李旺明，苏栋栋，阳建春主编．—广州：广东科技出版社，2023.4
（中国非法贸易动物鉴定丛书）
ISBN 978-7-5359-7953-7

Ⅰ.①非…　Ⅱ.①李…②苏…③阳…　Ⅲ.①野生动物—鸟类—鉴别②野生动物—鸟类—动物产品—鉴别　Ⅳ.①Q959②S874

中国版本图书馆CIP数据核字（2022）第179150号

非法贸易动物及制品鉴定——鸟类动物篇
Feifa Maoyi Dongwu ji Zhipin Jianding——Niaolei Dongwu Pian

出　版　人：严奉强
项目策划：罗孝政　尉义明
责任编辑：区燕宜
封面设计：柳国雄
责任校对：高锡全
责任印制：彭海波
出版发行：广东科技出版社
　　　　　（广州市环市东路水荫路 11 号　邮政编码：510075）
销售热线：020-37607413
https://www.gdstp.com.cn
E-mail: gdkjbw@nfcb.com.cn
经　　销：广东新华发行集团股份有限公司
印　　刷：广州市彩源印刷有限公司
　　　　　（广州市黄埔区百合三路 8 号　邮政编码：510700）
规　　格：787 mm×1 092 mm　1/16　印张10.75　字数230千
版　　次：2023年4月第1版
　　　　　2023年4月第1次印刷
定　　价：108.00元

如发现因印装质量问题影响阅读，请与广东科技出版社印制室联系调换（电话：020-37607272）。

《非法贸易动物及制品鉴定——鸟类动物篇》
编委会

主　编：李旺明　苏栋栋　阳建春

编　委：（按姓氏音序排列）

戴嘉格　郭凤娟　胡诗佳　金香香

李旺明　李伟业　李咏施　潘麒嫣

彭　诚　苏栋栋　薛华艺　阳建春

张苧文

前　言
F o r e w o r d

　　野生动物及其制品是人类赖以生存的重要物质资源，其经济、社会及生态价值不断被人类认识和开发。近几十年来，全球野生动物贸易日益繁荣，非法野生动物贸易也随之日益活跃。据联合国环境规划署估计，近年来全球野生动物非法贸易金额每年约200亿美元，且被非法贸易的野生动物主要是濒危物种。

　　野生动物非法贸易是一个全球性问题，具有全域性和多样性特征，严重影响全球生物多样性、生态系统服务功能、公共安全及动物福利，会大幅度降低自然资源质量，严重破坏生态系统稳定，加速疾病蔓延，最终损害人与自然共同的健康和福利。1999—2018年全球每个国家都有参与野生动物非法贸易的记录。为了维护生物多样性和生态平衡，推进生态文明建设，近年来我国及时修订了《中华人民共和国野生动物保护法》。《中华人民共和国刑法》也对破坏野生动物资源的行为划定了红线，对野生动物非法贸易坚持从严惩治原则。

　　本项目内容来源于华南动物物种环境损害司法鉴定中心（原华南野生动物物种鉴定中心）近20年受理的全国各地执法机关委托鉴定的有关涉案动物及制品1万余宗案件，以及鉴定的非法贸易野生动物近1 100个物种（其中濒危物种近800个，个体数量上千万只，各类制品超过1亿件）。编者通过归纳总结上述鉴定成果，系统梳理非法贸易野生动物及其制品检材的照片，最终挑选出近500个非法贸易野生动物物种（亚种）及其制品的高质量照片3 000余张，从多角度反映非法贸易野生动物及其制品的多项指标特征。结合相关文献资料，设计本套丛书，图文并茂、全方位地反映近年来我国野生动物非法贸易的种类、类型、分布等信息，并系统、完整、科学描述与展示，以期让非专业人士对我国野生动物非法贸易的状况及重点类群有比较清楚和全面的认识，甚至能够快速识别常见非法贸易野生动物类群及类型。丛书的出版可为保护野生动物、打击野生动物非法贸易提供专业支持，也可为促进我国生态文明建设等提供翔实的基础资料和科学的理论指导。

本书物种保护级别中，"国家一级"是指国家一级保护野生动物，"国家二级"是指国家二级保护野生动物，"国家'三有'"是指有重要生态、科学、社会价值的陆生野生动物（旧称：国家保护的有益的或者有重要经济、科学研究价值的陆生野生动物），"CITES附录"是指《濒危野生动植物种国际贸易公约》附录物种。

本书的分类系统主要参考《世界鸟类分类与分布名录》（第二版）、《濒危野生动植物种国际贸易公约》（CITES）附录（2023年版）、《中国鸟类分类与分布名录》（第三版）。随着分类研究的进步，动物分类地位也存在变动，部分物种的中文名可能会与其他专著不一致，分类阶元归属以拉丁学名为准。国内有自然分布的物种，仅列出其在国内的分布情况。书中列出的物种保护级别和分布地，读者在参考时还需查阅最新发布的文件。限于编者水平，本书存在的不足和错误之处，恳请专家和读者批评指正。

编　者
2023年3月

目　录
Contents

白眉山鹧鸪 *Arborophila gingica*

分类地位	鸟纲AVES鸡形目GALLIFORMES雉科Phasianidae
保护级别	国家二级
贸易类型	活体、死体等
分　布	湖南、江西、浙江、福建、广东、广西

◉ **鉴别特征**　体长约30 cm。成鸟前额及眉纹白色,头顶、枕部及后颈上部栗褐色,后颈下部近黑色,两侧具亮黄色和白色羽缘,头侧、颈侧具黑色斑点;过眼纹灰褐色;颏部、喉部淡橙栗色,喉下具黑色、白色和褐色横带,脸颊黄褐色;胸部具白色、深褐色斑块,腹部灰白色,两胁灰色,具暗栗色斑纹;背部灰褐色,少斑纹,两翼飞羽黑褐色,具红棕色、灰色斑纹;尾羽橄榄褐色,尾下覆羽黑色,尖端白色。虹膜深褐色;喙黑色;跗跖红色。

石鸡 *Alectoris chukar*

分类地位	鸟纲 AVES 鸡形目 GALLIFORMES 雉科 Phasianidae
保护级别	国家"三有" 　　　　　贸易类型　活体为主
分　布	新疆、内蒙古、宁夏、甘肃、山东、河南等

◎ **鉴别特征**　体长约37 cm。头顶至后颈灰褐色，有一宽的黑带从额基开始经过眼至后枕，沿颈侧而下，横跨下喉，形成1个围绕喉部的完整黑圈；眼先、颊部、喉部黄白色，耳羽栗褐色，后颈两侧橄榄灰色，上背棕红色，并延伸至内侧肩羽和胸侧；胸部灰色而略带粉色，腹部棕黄色，两胁灰白色，具黑色、栗色横斑和白色条纹；背部、两翼灰色而略带粉色；尾羽深灰色，尾下覆羽深棕色。虹膜深褐色；喙珊瑚红色；跗跖红色。

中华鹧鸪 *Francolinus pintadeanus*

分类地位	鸟纲 AVES 鸡形目 GALLIFORMES 雉科 Phasianidae	
保护级别	国家"三有"	贸易类型　活体为主
分　布	云南、四川、湖南、江西、广东、海南等	

◎ **鉴别特征**　体长 27～35 cm。雄鸟头顶、枕部和后颈上部黑褐色，具黄褐色羽缘，眼先和颊部白色，其上有一宽的黑色眼上纹，从鼻孔开始一直延伸至颈侧，其下有一窄的黑色腭纹；耳羽略呈黄色；后颈下部、上背黑褐色，羽片具白色斑，肩部的栗红色端斑宽阔显著；颏部、喉部白色；胸部、腹部及两胁黑褐色，内外翈具并排的白色圆斑，两胁白斑常沾黄褐色；两翼初级飞羽暗褐色，内外翈均具有并列的淡黄色或白色斑，翼上覆羽黑褐色，具白斑；下背和腰黑褐色，密布细窄、呈波浪状的白色横斑；尾羽黑色，中央1对尾羽内外翈均具白色横斑，外侧尾羽仅外翈具白色横斑，尾上覆羽具横斑，为黄褐色，尾下覆羽栗黄色，具黑色羽干纹。雌鸟似雄鸟，但整体偏黄褐色，胸部、腹部白色，具深褐色纵纹。虹膜深褐色；喙黑色；跗跖橙黄色。

灰胸竹鸡 *Bambusicola thoracicus*

分类地位	鸟纲AVES 鸡形目GALLIFORMES 雉科Phasianidae	
保护级别	国家"三有"	贸易类型 活体为主
分　布	河南、云南、四川、湖南、江西、广东等	

◉ **鉴别特征**　体长24～37 cm。成鸟额部与眉纹蓝灰色，眉纹粗而长，向后一直延伸至上背，头顶和后颈橄榄褐色，颊部、耳羽及颈侧栗棕色，颏部、喉部栗红色，前胸蓝灰色，向上延伸至两肩和上背，形成环状，环后紧缘以栗红色，后胸、腹部棕黄色，两胁有黑褐色点斑；上背灰褐色，肩部和下背橄榄褐色，具有栗红色块斑和白色斑点；两翼飞羽及翼上大覆羽、中覆羽暗褐色，初级飞羽外翈基部棕色，杂有黑色斑点；中央尾羽红棕色，密杂黑褐色横斑，尾下覆羽棕黄色。虹膜深褐色；喙铅灰色；跗跖青绿色。

白鹇 *Lophura nycthemera*

分类地位	鸟纲 AVES 鸡形目 GALLIFORMES 雉科 Phasianidae
保护级别	国家二级　　　　　　　贸易类型　活体为主
分　布	云南、四川、湖北、江西、广东等

◉ **鉴别特征**　雄鸟体长90～115 cm，头部具显著的黑色羽冠，披于头后，脸颊具红色裸皮，自上背起密布"V"形的黑纹；喉部、胸部、腹部蓝黑色，少斑纹；背部、两翼白色，具不明显的黑色条纹，白色尾羽较长。雌鸟体长65～70 cm，整体棕褐色，胸部、腹部具褐色横斑。虹膜褐色；喙角质绿色；跗跖粉红色。

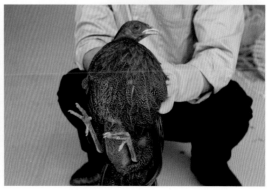

雉科

白冠长尾雉 *Syrmaticus reevesii*

分类地位	鸟纲AVES鸡形目GALLIFORMES雉科Phasianidae		
保护级别	国家一级、CITES附录Ⅱ	贸易类型	活体为主
分　布	河南、陕西、云南、四川、湖北、安徽等		

◉ **鉴别特征**　雄鸟体长141～200 cm，头顶白色，眼周黑色，颊部、喉部、颈部白色，白色颈部下具一黑色领环；颈侧、背部具棕黄色鳞状羽毛，腹部栗红色，两肋具白色斑纹，两翼棕黄色，具黑色、白色鳞状羽毛；尾羽棕色，甚长，具灰、栗两色横斑。雌鸟体长56～69 cm，整体棕褐色，颈部棕黄色，胸部具棕栗色斑纹。虹膜深褐色；喙角质黄色；跗跖灰褐色。

环颈雉 *Phasianus colchicus* 别名：雉鸡

分类地位	鸟纲 AVES 鸡形目 GALLIFORMES 雉科 Phasianidae
保护级别	国家"三有" 贸易类型 活体为主
分　布	国内多个省份有分布

◉ **鉴别特征**　雄鸟体长 73～87 cm，头部具绿色金属光泽，眼周具鲜红色裸皮；颈部多为金属绿色，有些亚种有白色颈圈；胸部、腹部多为紫红色，两胁棕黄色，具深栗色点斑；背部棕黄色，具深褐色点斑；两翼具栗色、灰色斑纹；尾羽棕褐色，具褐色横纹。雌鸟体长 57～61 cm，整体棕褐色，密布浅褐色斑纹。虹膜红褐色；喙黄绿色至暗灰褐色；跗跖灰褐色。

红腹锦鸡 *Chrysolophus pictus*

分类地位	鸟纲AVES 鸡形目GALLIFORMES 雉科Phasianidae
保护级别	国家二级
分　布	河南、山西、陕西、青海、四川、湖南等

贸易类型：活体为主

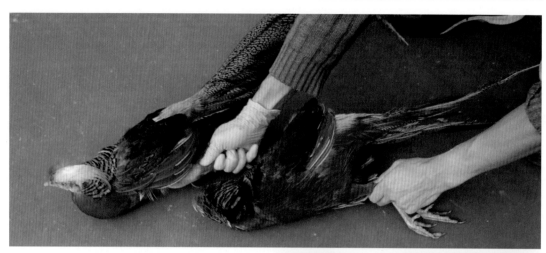

👁 **鉴别特征**　雄鸟体长86～108 cm，头部具金黄色丝状羽冠，脸颊、颏部、喉部和前颈锈红色；后颈具深褐色横斑的橙棕色扇状羽，呈披肩状；胸部、腹部、两肋深红色；上背金属蓝色，下背、腰部、尾上覆羽金黄色，自腰后两侧羽端转为深红色；尾羽黄褐色，较长，具黑色斑纹。雌鸟体长59～70 cm，整体黄褐色，胸部、腹部、背部具深褐色带斑。虹膜，雄鸟黄色，雌鸟褐色；喙黄色；跗跖黄色。

白腹锦鸡 *Chrysolophus amherstiae*

分类地位	鸟纲 AVES 鸡形目 GALLIFORMES 雉科 Phasianidae	
保护级别	国家二级	贸易类型 活体为主
分 布	西藏、云南、四川、贵州、广西	

⊙ **鉴别特征** 雄鸟体长118～145 cm，额部金属绿色，枕冠狭长，呈紫红色，后披一白色而具蓝绿色和黑色羽缘的扇状羽，呈披肩状；颈部、胸部、上背、肩部具金属绿色鳞状羽，外缘近黑色，腹部、两胁白色；下背、腰部黄色，向后转为朱红色；尾羽白色，甚长，间以黑色横带。雌鸟体长54～67 cm，整体棕褐色，胸部棕栗色，具黑色细纹，背部、两翼具黑色和棕黄色横斑。虹膜，雄鸟白色，雌鸟深褐色；喙铅灰色；跗跖灰褐色。

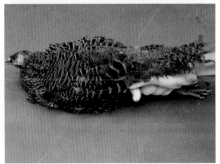

鸭科

鸳鸯 *Aix galericulata*

分类地位	鸟纲AVES 雁形目ANSERIFORMES 鸭科Anatidae
保护级别	国家二级
分　布	除西藏、青海外，国内各省份均有分布

贸易类型 活体为主

◉ **鉴别特征**　体长41～51 cm。雄鸟额部和头顶中央翠绿色，具金属光泽，枕部铜赤色，与后颈的暗紫色长羽组成羽冠，眉纹白色，宽而且长，并向后延伸而构成羽冠的一部分；眼先淡黄色，颊部具棕栗色斑，眼上方和耳羽棕白色；额部、喉部栗色，上胸和胸侧暗紫色，下胸乳白色，下胸两侧绒黑色，具两条白色斜带，两胁近腰处具黑白相间的横斑；背部、腰部暗褐色，并具铜绿色金属光泽；初级飞羽暗褐色，外翈具银白色羽缘，翼折拢后形成橙黄色的炫耀性帆状饰羽，翼镜绿色而具白色边缘；尾羽暗褐色，尾下覆羽乳白色。雌鸟灰褐色，眼圈白色，眼后有白色眼纹，翼镜同雄鸟，不具帆状饰羽，胸至两胁具暗褐色鳞状斑。虹膜褐色；喙平扁，雄鸟红色，雌鸟灰褐色或粉红色；跗跖，雄鸟橙黄色，雌鸟灰绿色，脚具蹼膜。

小䴙䴘 *Tachybaptus ruficollis*

分类地位	鸟纲 AVES 䴙䴘目 PODICIPEDIFORMES 䴙䴘科 Podicipedidae

保护级别 国家"三有" **贸易类型** 活体为主

分　布 国内各省份均有分布

⊙ **鉴别特征**　体长 23～29 cm。成鸟繁殖时期头部黑褐色，脸部至颈部栗红色，背部黑褐色，上胸灰褐色，下胸和腹部白色，杂以褐色斑，两胁灰褐色，初级飞羽灰褐色，次级飞羽灰褐色，具白色端斑，翼下覆羽白色；非繁殖时期，体色较浅，整体为浅褐色，头部和背部色略深。虹膜黄白色；喙黑色，喙基有一显眼的黄白色斑块；跗跖灰蓝色，趾的两侧附有叶状膜，向前三趾各具瓣蹼。

11

山斑鸠 *Streptopelia orientalis*

分类地位	鸟纲 AVES 鸽形目 COLUMBIFORMES 鸠鸽科 Columbidae
保护级别	国家"三有"	贸易类型	活体、死体等
分　　布	国内各省份均有分布

◉ **鉴别特征**　体长30～33 cm。成鸟前额和头顶前部蓝灰色，颈基部两侧各有1块羽缘为蓝灰色的黑羽，形成显著的黑灰色颈斑；上背褐色，各羽缘为红褐色；颏部、喉部棕色沾粉红色，胸部沾灰色，腹部淡灰色，两胁蓝灰色；两翼飞羽黑褐色，翼上覆羽暗褐色，具棕色羽缘，构成清晰而密集的鳞状斑；尾羽灰褐色，中央尾羽羽端具甚窄的灰白色端斑，两侧其余尾羽具较宽的灰色、灰白色或白色端斑。虹膜橙红色；喙粉灰色；跗跖粉红色。

火斑鸠 *Streptopelia tranquebarica*

分类地位	鸟纲 AVES 鸽形目 COLUMBIFORMES 鸠鸽科 Columbidae
保护级别	国家"三有"
分 布	除新疆外，国内各省份均有分布

贸易类型　活体为主

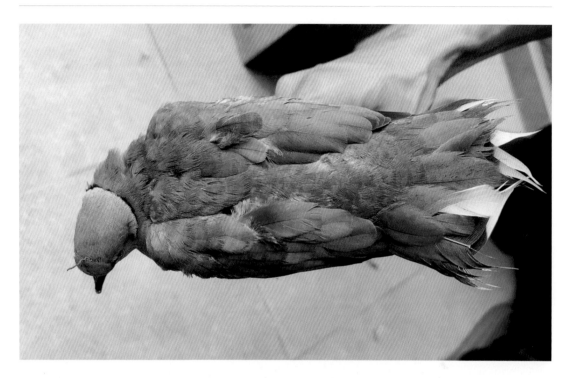

◉ **鉴别特征**　体长约23 cm。雄鸟头部蓝灰色，颈部两侧各具1道清晰的黑色横斑，上背和下体大部分区域为葡萄红色，两翼亦主要为葡萄红色，各级飞羽为黑褐色，喉部至腹部淡葡萄红色，两胁蓝灰色；下背、腰部及尾上覆羽为蓝灰色，尾下覆羽为白色，中央尾羽为灰褐色，其余尾羽近黑色，具宽阔的白色端斑。雌鸟全身以灰褐色为主，两翼褐色较重，颈侧的黑色横斑较细。虹膜褐色；喙暗灰色；跗跖红褐色或灰褐色。

珠颈斑鸠 *Streptopelia chinensis*

分类地位	鸟纲 AVES 鸽形目 COLUMBIFORMES 鸠鸽科 Columbidae	
保护级别	国家"三有"	**贸易类型** 活体、死体等
分　布	北京、河北、四川、江西、广东、台湾等	

◉ **鉴别特征**　体长约30 cm。成鸟前额淡蓝灰色，到头顶逐渐变为淡粉灰色，枕部、头侧和颈部粉红色，后颈有一大块黑色领斑，其上布满白色或黄白色珠状的细小斑点；颏部、喉部、胸部及腹部粉红色，两胁灰色；飞羽深褐色，羽缘较淡，外侧小覆羽和中覆羽蓝灰色，其余覆羽较淡；中央尾羽褐色，两侧其余尾羽暗褐色，具白色端斑，尾下覆羽灰色。虹膜橙色；喙黑色；跗跖红色。

绿翅金鸠 *Chalcophaps indica*

分类地位	鸟纲 AVES 鸽形目 COLUMBIFORMES 鸠鸽科 Columbidae	
保护级别	国家"三有"	贸易类型 活体、死体等
分 布	西藏、云南、四川、江西、广东、台湾等	

◉ **鉴别特征** 体长约23 cm。成鸟头顶至枕部蓝灰色，眉纹白色，头侧、颈部至胸部粉褐色，上背及两翼呈翠绿色，具明显的金属光泽；初级飞羽和外侧次级飞羽黑褐色；下背至腰部黑色；尾上覆羽和中央尾羽黑褐色，外侧尾羽灰色，具黑色次端斑；下体粉灰色，至尾下覆羽逐渐转为淡蓝灰色。虹膜褐色；喙红色；跗跖紫红色。

普通夜鹰 *Caprimulgus indicus*

分类地位	鸟纲AVES夜鹰目CAPRIMULGIFORMES夜鹰科Caprimulgidae

保护级别	国家"三有"	贸易类型	活体、死体等

分　布	除新疆、青海外，国内各省份均有分布

◎ **鉴别特征**　体长约25 cm。雄鸟头顶至上体灰褐色，密布黑褐色与灰白色斑纹；额部、头顶、枕部具宽阔的绒黑色中央纹，脸颊棕褐色，颊纹白色，颏部、喉部黑色，下喉具白斑；胸部灰黑色，下体灰褐色，均密布细纹；两翼黑褐色，其上有锈红色横斑和眼状斑，最外侧3枚初级飞羽具白色斑点；尾上覆羽和尾羽近黑色且有灰色横纹，外侧尾羽具白色次端带。雌鸟整体偏棕黄色，颊部和喉部斑块皮黄色，飞羽斑点淡黄色，尾羽无白斑。虹膜深褐色；喙黑色；跗跖肉褐色。

褐翅鸦鹃 *Centropus sinensis*

分类地位	鸟纲 AVES 鹃形目 CUCULIFORMES 杜鹃科 Cuculidae
保护级别	国家二级

贸易类型	活体、死体、标本等

分 布	河南、四川、湖北、江西、浙江、广东等

◉ **鉴别特征** 体长约50 cm。成鸟头颈、胸部和腹部黑色并具蓝紫色光泽和亮黑色的羽干纹，背部、两翼、肩部和肩内侧栗红色，翼下覆羽黑色；尾羽较长，黑色，具铜绿色光泽，其余体羽黑色。亚成鸟虹膜颜色较淡，头颈黑褐色，密布白色斑点，胸部、下体黑褐色，两翼棕褐色，具黑褐色横纹。虹膜暗红色；喙黑色，粗壮而略下弯；跗跖黑色。

小鸦鹃 *Centropus bengalensis*

分类地位	鸟纲AVES 鹃形目CUCULIFORMES 杜鹃科Cuculidae

保护级别	国家二级	贸易类型	活体、死体、标本等

分 布	河北、云南、湖北、江西、广东、台湾等

◉ **鉴别特征**　体长约40 cm。成鸟头颈和下体黑色，近白色羽干形成细纵纹，背部和两翼橙红色，两翼覆羽亦具淡色纵纹，翼下覆羽呈栗色；尾羽黑色，内侧尾羽具模糊的横斑。幼鸟通体棕褐色，头颈有明显的纵纹，两翼、胁部和尾羽具黑色横斑。虹膜暗褐色；喙黑色；跗跖黑色。

绿嘴地鹃 *Phaenicophaeus tristis*

分类地位 鸟纲 AVES 鹃形目 CUCULIFORMES 杜鹃科 Cuculidae

保护级别 国家"三有" **贸易类型** 活体为主

分　布 西藏、云南、广西、广东、海南

◉ 鉴别特征 　体长约 55 cm。成鸟头顶至上背淡绿灰色，头顶杂有黑色纵纹，眼先黑色，眼周具红色裸皮；背中部、三级飞羽、翼上覆羽暗金属绿色；颏至胸淡棕灰色，上胸以上具黑色羽干纹，下胸、腹灰棕色；两翼暗绿色；尾羽暗绿色，甚长，白色末端在尾下呈斑块状，尾上覆羽暗金属绿色。虹膜褐色；喙灰绿色，粗壮而略下弯；跗跖灰绿色。

19

噪鹃 *Eudynamys scolopaceus*

分类地位	鸟纲 AVES 鹃形目 CUCULIFORMES 杜鹃科 Cuculidae

保护级别	国家"三有"	贸易类型	活体为主

分　布	北京、河北、西藏、江西、广东、台湾等

◉ **鉴别特征**　体长约42 cm。雄鸟通体黑色并带有金属光泽，雌鸟上体暗褐色，略具金属绿色光泽，并布满整齐的白色小斑点；头部白色斑点略沾皮黄色，较细密，常呈纵纹状排列；背部、翼上覆羽及飞羽、尾羽常呈横斑状排列；颏部至上胸黑色，密被粗的白色斑点，下体余部白色，具黑色横斑。虹膜红色；喙淡绿色，粗壮；跗跖灰色。

灰胸秧鸡 *Lewinia striata* 别名：蓝胸秧鸡

分类地位	鸟纲 AVES 鹤形目 GRUIFORMES 秧鸡科 Rallidae		
保护级别	国家"三有"	贸易类型	活体、死体等
分　布	河南、四川、江西、福建、广东、台湾等		

◉ **鉴别特征**　体长约28 cm。成鸟头顶至后颈栗红色，脸颊灰色，颏部、喉部偏白色；颈部、胸部蓝灰色；腹部、两胁蓝灰色，具白色横斑；背部、两翼灰褐色，具白色横斑；尾羽灰褐色，尾下覆羽密布斑驳的黑白横纹。虹膜暗红色；喙红色；跗跖灰色。

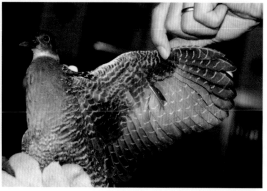

红胸田鸡 *Zapornia fusca*

分类地位	鸟纲 AVES 鹤形目 GRUIFORMES 秧鸡科 Rallidae		
保护级别	国家"三有"	贸易类型	活体为主
分　布	辽宁、吉林、黑龙江、北京、四川、湖南、广东、台湾等		

⊙ **鉴别特征**　体长约21 cm。成鸟额部、头顶、脸颊栗红色，头顶后部、枕部、后颈以至整个上体概为暗橄榄褐色，两翼暗褐色，羽缘微沾橄榄褐色；下体自颏部、喉部、胸部至上腹栗红色，且和前额、头侧、颈侧的栗红色连为一体；腹部暗灰色，两胁暗橄榄褐色；尾羽暗橄榄褐色，尾下覆羽黑褐色，具白色横斑。虹膜红色；喙青灰色；跗跖红色。

白胸苦恶鸟 *Amaurornis phoenicurus*

分类地位	鸟纲 AVES 鹤形目 GRUIFORMES 秧鸡科 Rallidae		
保护级别	国家"三有"	贸易类型	活体、死体等
分　布	黑龙江、北京、山西、四川、江西、广东等		

◎ 鉴别特征　体长 26～35 cm。成鸟前额白色，头顶至后颈近黑色，脸颊白色；颏部、喉部、颈部、胸部、腹部白色，两胁略带黑色；背部、两翼近黑色；肛周和尾下覆羽栗红色，尾羽近黑色。虹膜暗褐色；喙黄色，基部红色；跗跖橙黄色。

秧鸡科

黑水鸡 *Gallinula chloropus*

分类地位	鸟纲AVES 鹤形目GRUIFORMES 秧鸡科Rallidae	
保护级别	国家"三有"	贸易类型 活体、死体等
分 布	国内各省份均有分布	

👁 **鉴别特征** 体长24～35 cm。成鸟通体黑色，额部甲板红色，两胁具宽阔的白色细纹，尾下覆羽中部黑色，两侧白色。虹膜红色；喙红色，端部黄色；跗跖黄绿色，脚上部有一鲜红色环带。

白骨顶 *Fulica atra*

分类地位 鸟纲AVES 鹤形目GRUIFORMES 秧鸡科Rallidae

保护级别 国家"三有"　　　　　　**贸易类型** 活体、死体等

分　布 国内各省份均有分布

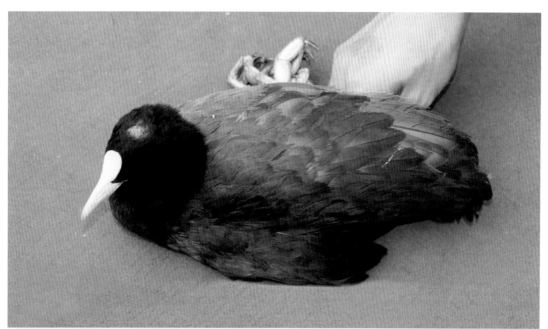

◉ **鉴别特征** 体长约38 cm。成鸟通体黑色，额部甲板白色；次级飞羽具白色羽端，在黑色的两翼形成显著的翼斑。虹膜红色；喙白色；跗跖青绿色，趾青绿色，可见波形瓣状蹼。

25

彩鹬 *Rostratula benghalensis*

分类地位	鸟纲 AVES 鸻形目 CHARADRIIFORMES 彩鹬科 Rostratulidae

保护级别	国家"三有"	贸易类型	活体、死体等

分　布	除黑龙江、宁夏、新疆外，国内各省份均有分布

⊙ **鉴别特征**　体长约 26 cm。雌鸟头部、颈部、胸部棕红色，顶冠纹黄色，眼后具明显的白色条纹；下胸具黑褐色条纹，其后具一白色环带，向两侧延伸至背；背部及两翼褐色，背上具明显的黄色纵带。雄鸟颜色较雌鸟暗淡，雌鸟眼后及胸侧的白色条纹在雄鸟处为皮黄色，背部及两翼具黄褐色杂斑。虹膜深褐色；喙肉色；跗跖黄绿色。

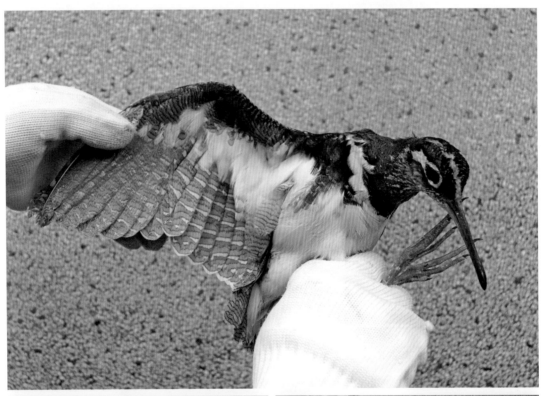

丘鹬 *Scolopax rusticola*

分类地位	鸟纲 AVES 鸻形目 CHARADRIIFORMES 鹬科 Scolopacidae
保护级别	国家"三有"
分　布	国内各省份均有分布

贸易类型 活体、死体等

👁 **鉴别特征**　体长32～42 cm。整体棕红色，头顶和枕绒黑色，具3～4道近黑色粗横纹，头两侧灰白色，杂有少许黑褐色斑点，自喙基至眼有1条黑褐色条纹；颏部、喉部白色，下体余部灰白色而略沾棕色；胸腹部黄褐色，具较窄的黑色横纹；背部、两翼、腰部锈红色；尾羽黑褐色，具黑色次端斑及褐色端斑，尾上覆羽锈红色。虹膜深褐色；喙端褐色，喙基偏粉色；跗跖粉灰色。

鹳
科

东方白鹳 *Ciconia boyciana*

分类地位	鸟纲 AVES 鹳形目 CICONIIFORMES 鹳科 Ciconiidae	
保护级别	国家一级、CITES附录Ⅰ	贸易类型 活体为主
分 布	辽宁、吉林、黑龙江、北京、陕西、四川、江西、广东等	

◉ **鉴别特征** 体长105～115 cm。成鸟体羽大部分为白色，眼周裸皮红色，两翼飞羽、初级覆羽和大覆羽黑色，略具金属光泽。虹膜黄白色；喙黑色，长而粗壮，喙基较厚；跗跖红色。

普通鸬鹚 *Phalacrocorax carbo*

分类地位	鸟纲AVES 鲣鸟目SULIFORMES 鸬鹚科Phalacrocoracidae	
保护级别	国家"三有"	贸易类型 活体为主
分　布	国内各省份均有分布	

◉ **鉴别特征**　成鸟繁殖期头部、颈部和羽冠青绿色，具显著的白色丝状羽，胸部、腹部青绿色，背部、两翼铜褐色，羽缘暗褐色，胁部具白色斑块，青色尾羽较短；非繁殖期头部、颈部无白色丝状羽，两胁无白色斑块。虹膜青绿色；喙灰黑色，喙基较钝，下喙基黄色，喙端具钩；跗跖黑色，趾间具蹼。

鹭科

大麻鳽 *Botaurus stellaris*

分类地位	鸟纲AVES 鹈形目PELECANIFORMES 鹭科Ardeidae	
保护级别	国家"三有"	贸易类型 活体为主
分 布	除西藏、青海外，国内各省份均有分布	

👁 **鉴别特征** 体长60～77 cm。成鸟额部、头顶和枕部黑色，眉纹淡黄白色，前颈皮黄色，后颈黑褐色，羽端具2道棕白色横斑，颈侧和胸侧皮黄色，具黑褐色虫蠹状横斑，且羽毛分散，呈发丝状；背部和肩部主要为黑色，羽缘有锯齿状的皮黄色斑；小翼羽和初级覆羽棕红色，具有波浪状的黑色横斑，初级覆羽有白色端斑，中覆羽、小覆羽皮黄色；胸皮黄色，具棕褐色纵纹，从颏部一直到胸部，腹皮黄色，具褐色纵纹，两胁和腋羽皮黄白色，具黑褐色横斑；尾羽褐色，具黑色横斑，尾下覆羽乳白色。虹膜黄色；喙峰黑色，其余部分黄绿色；跗跖黄绿色。

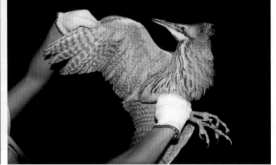

黄斑苇鳽 *Ixobrychus sinensis*   别名：黄苇鳽

分类地位	鸟纲AVES鹈形目PELECANIFORMES鹭科Ardeidae
保护级别	国家"三有" **贸易类型** 活体、死体等
分　布	除新疆、西藏、青海外，国内各省份均有分布

◉ **鉴别特征**　体长30～38 cm。成鸟头顶黑色，头部、颈部黄褐色，上体余部大致黄褐色，尾羽黑色，两翼飞羽和初级覆羽黑色，背部黄褐色，下体淡黄白色，前颈至胸部具模糊的褐色纵纹。亚成鸟顶冠为黄褐色，上体、两翼及下体均有清晰的暗褐色纵纹。虹膜黄色；喙峰黑色，其余部分黄色；跗跖黄绿色。

栗苇鳽 *Ixobrychus cinnamomeus*

分类地位	鸟纲 AVES 鹈形目 PELECANIFORMES 鹭科 Ardeidae
保护级别	国家"三有" 贸易类型 活体、死体等
分　布	辽宁、北京、山西、安徽、江西、广东等

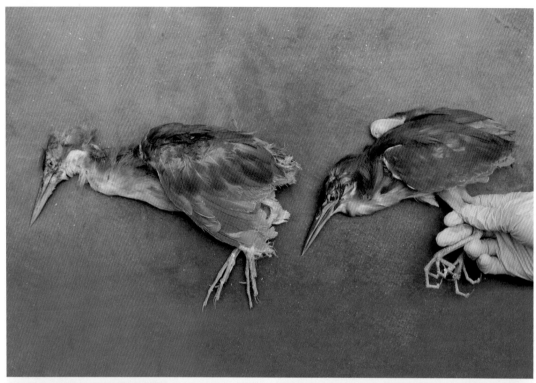

◉ **鉴别特征**　体长 30～37 cm。成年雄鸟上体及两翼为鲜艳的栗棕色，颈侧具白色纵纹，下体淡棕黄色，具黑色纵纹。雌鸟头顶羽色较暗，上体为栗褐色，背部及翼上覆羽具白色羽缘，形成缀于上体的白色的鳞状或点状斑，下体的黑色纵纹较雄鸟显著。亚成鸟头顶暗褐色，上体褐色，具近白色斑点，下体淡黄白色，具清晰的黑褐色纵纹。虹膜黄色；喙峰黑色，其余部分黄色；跗跖黄绿色。

夜鹭 *Nycticorax nycticorax*

分类地位	鸟纲AVES鹈形目PELECANIFORMES鹭科Ardeidae
保护级别	国家"三有" 贸易类型 活体、死体等
分　布	国内各省份均有分布

◉ **鉴别特征**　体长48～59 cm。成鸟头部、颈部大致为灰色，头顶至枕部为蓝黑色，头后具细长的灰白色辫羽，颈短，背部蓝黑色，两翼、尾羽及下体皆为灰色，腹部至尾下覆羽近白色。亚成鸟上体及两翼褐色，具白色斑点，颈部至胸部具褐色纵纹。虹膜，成鸟红色，亚成鸟橙色；喙呈黑色；跗跖黄色，中趾的爪内侧具栉缘。

绿鹭 *Butorides striata*

分类地位	鸟纲 AVES 鹈形目 PELECANIFORMES 鹭科 Ardeidae
保护级别	国家"三有" 　　　贸易类型 活体、死体等
分　布	辽宁、吉林、黑龙江、北京、云南、江苏、广东、台湾等

◉ **鉴别特征**　体长38～47 cm。成鸟额部、头顶、枕部、羽冠和眼下纹绿黑色，头后具延长的黑色羽冠；眼下方具一清晰的黑色横纹，后颈、颈侧及颊纹灰色；颏部、喉部白色；上体及下体余部皆为灰色，两翼及尾羽具青色金属光泽。亚成鸟头顶黑色，上体及两翼褐色，具白色斑点，下体白色，具褐色纵纹。虹膜黄色；喙黑色；跗跖黄绿色，中趾的爪内侧具栉缘。

池鹭 *Ardeola bacchus*

分类地位	鸟纲 AVES 鹈形目 PELECANIFORMES 鹭科 Ardeidae
保护级别	国家"三有" 　　贸易类型　活体、死体等
分　布	除黑龙江外，国内各省份均有分布

◉ **鉴别特征**　体长38～49 cm。成鸟繁殖期头部、颈部皆为栗色，背部蓝灰色，两翼、尾羽及下体皆为白色，头后具延长的羽冠，颈基部和背部均具延长的蓑羽；非繁殖期头部、颈部为淡黄白色，具深褐色纵纹，背部褐色，头后羽冠较短，颈部和背部无延长的饰羽。虹膜黄色；喙基黄色，喙端黑色；跗跖黄色，中趾的爪内侧具栉缘。

鹭科

牛背鹭 *Bubulcus ibis*

分类地位	鸟纲 AVES 鹈形目 PELECANIFORMES 鹭科 Ardeidae
保护级别	国家"三有" 　　　贸易类型 活体、死体等
分　布	除宁夏、新疆外,国内各省份均有分布

◎ **鉴别特征**　体长47～55 cm。繁殖期眼先黄绿色,头部、颈部皆为橙棕色,头后无辫状饰羽,颈基具下垂的蓑羽,背部具橙黄色的丝状延长饰羽,上体余部、两翼及下体皆为白色;非繁殖期眼先黄色,全身皆为白色,无延长的饰羽。虹膜黄色;繁殖期喙橙色;跗跖黑色,中趾的爪内侧具栉缘。

苍鹭 *Ardea cinerea*

分类地位 鸟纲 AVES 鹈形目 PELECANIFORMES 鹭科 Ardeidae

保护级别 国家"三有" **贸易类型** 活体为主

分　布 国内各省份均有分布

⊙ **鉴别特征** 体长80～110 cm。成鸟头部、颈部以灰色为主，头部近白色，头侧至枕部为黑色，枕部的黑色羽毛延长，形成辫状羽；前颈亦具稀疏的黑色细纵纹，颈下部羽毛延长，下垂至胸部，形成蓑羽；上体余部蓝灰色，两翼及初级覆羽近黑色，余部灰色；下体及尾羽皆为灰白色。虹膜黄色；喙橙黄色；跗跖灰褐色，中趾的爪内侧具栉缘。

鹭科

草鹭 *Ardea purpurea*

分类地位 鸟纲AVES 鹈形目 PELECANIFORMES 鹭科 Ardeidae

保护级别 国家"三有"　　贸易类型 活体为主

分　　布 除新疆、西藏、青海外，国内各省份均有分布

👁 **鉴别特征**　体长80～110 cm。成鸟头部、颈部以橙棕色为主，前额、头顶至枕部黑色，枕部具黑色辫状羽，颊部具一黑色条纹，颈侧具一清晰的黑色纵纹，前颈可见断续零散的黑色短纵纹；颈基部具蓝灰色蓑羽并垂至胸部；上体灰色，背部可见少量延长的丝状饰羽；两翼飞羽灰黑色，翼上覆羽灰色，翼下覆羽主要为橙棕色，下体大致灰黑色；尾下覆羽近黑色。亚成鸟整体羽色较淡，头部、颈部无黑色，上、下体以褐色为主，无延长的饰羽，两翼呈灰褐色。虹膜黄色；喙橙色；跗跖呈褐色，中趾的爪内侧具栉缘。

大白鹭 *Ardea alba*

分类地位	鸟纲AVES 鹈形目PELECANIFORMES 鹭科Ardeidae
保护级别	国家"三有"　　　　贸易类型　活体、死体等
分　布	辽宁、吉林、黑龙江、山西、青海、江西、广东、台湾等

⊙ 鉴别特征　体长90～100 cm。成鸟通体白色，繁殖期眼先绿色，嘴裂较深，延伸至眼下后方，颈部较长，背部具延长且下垂的丝状饰羽，前颈基部具较短的蓑羽；非繁殖期眼先黄绿色，颈部、背部无丝状饰羽。虹膜黄色；喙，繁殖期黑色，非繁殖期橙黄色；跗跖黑色，中趾的爪内侧具栉缘。

白鹭 *Egretta garzetta*

分类地位	鸟纲 AVES 鹈形目 PELECANIFORMES 鹭科 Ardeidae		
保护级别	国家 "三有"	贸易类型	活体、死体等
分 布	吉林、北京、陕西、四川、广东、台湾等		

◉ **鉴别特征** 体长 54～68 cm。繁殖期眼先淡绿色，枕后具显著延长的辫状羽，前颈基部具延长的丝状饰羽，下垂至胸部，背部具显著延长的蓑羽；非繁殖期眼先为黄绿色，头部无辫状饰羽，颈部和背部亦无延长的蓑羽。虹膜黄色；喙黑色；跗跖黑色，趾黄色，中趾的爪内侧具栉缘。

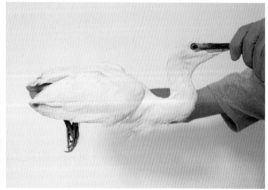

鹗 *Pandion haliaetus*

分类地位　鸟纲 AVES 鹰形目 ACCIPITRIFORMES 鹗科 Pandionidae

保护级别　国家二级、CITES 附录 II　　贸易类型　活体为主

分　布　国内各省份均有分布

◉ **鉴别特征**　体长 54～68 cm。成鸟前额、头顶、枕部和头侧白色,黑色贯眼纹明显,并延伸至枕部;背部、肩部、腰部均为暗褐色,微具紫色光泽和淡棕色端缘;胸部具褐色斑块,腹部白色,无斑纹,翼下覆羽白色,无斑纹,翼上暗褐色;尾褐色,具白色端斑,外侧尾羽内翈白色,具暗褐色横斑。虹膜黄色;喙铅灰色;跗跖被羽,趾底具刺突,脚和趾灰色或蓝灰色,爪黑色。

黑翅鸢 *Elanus caeruleus*

分类地位	鸟纲AVES鹰形目ACCIPITRIFORMES鹰科Accipitridae	
保护级别	国家二级、CITES附录Ⅱ	贸易类型 活体为主
分　布	北京、山东、湖北、浙江、广东、台湾等	

◉ **鉴别特征** 体长31～37 cm。成鸟眼先和眼上有黑斑，前额白色，到头顶逐渐变为灰色，后颈、背部、肩部、腰部蓝灰色；初级飞羽暗灰色，翼上小覆羽和中覆羽黑色，大覆羽后缘、次级和初级覆羽蓝灰色，翼下近白色；胸部、腹部白色；尾羽白色。虹膜红色；喙黑色；跗跖黄色，裸出无羽。

凤头蜂鹰 *Pernis ptilorhynchus*

分类地位	鸟纲AVES鹰形目ACCIPITRIFORMES鹰科Accipitridae
保护级别	国家二级、CITES附录Ⅱ
贸易类型	活体、死体等
分布	国内各省份均有分布

◉ **鉴别特征** 体长55～65 cm。成鸟头部细小，头侧具短而硬的鳞片状羽，前额和头侧烟灰色，头顶黑褐色，到后枕羽毛延长成短的羽冠，黑色，后颈褐色，羽毛基部为白色；上体和两翼表面暗褐色，尾灰色，具宽的黑褐色端斑，基部有一宽一窄的2道黑褐色横斑，初级飞羽基部白色，外翈暗灰色，具黑褐色横带，内翈白色，具褐色横斑，所有初级飞羽尖端均为黑色，所有飞羽基部均为白色；颏部灰色，喉部白色，具窄的黑色羽轴纹，喉部和颊部的黑色条纹在后下部汇合成1条宽的包围喉的黑线，下体余部白色，具红褐色横斑；尾羽黑褐色，尾带较狭窄。虹膜，雄鸟暗色，雌鸟黄色；喙黑色；跗跖黄色，裸出无羽。

黑冠鹃隼 *Aviceda leuphotes*

分类地位	鸟纲 AVES 鹰形目 ACCIPITRIFORMES 鹰科 Accipitridae	
保护级别	国家二级、CITES 附录 Ⅱ	贸易类型　活体、死体等
分　布	河南、云南、湖南、江西、广东、海南等	

◉ **鉴别特征**　体长 28～35 cm。成鸟整体呈黑、白两色，翼较宽大，头顶具明显的蓝黑色羽冠，头部、喉部、颈部黑色；上胸具一宽阔的星月形白斑，腹部白色，具褐色横纹；翼下覆羽黑色，与浅色飞羽形成明显对比；背部、翼上多为黑色；尾羽、尾下覆羽近黑色。虹膜紫红色；喙铅黑色，上喙两侧具双齿突；跗跖黑色，裸出无羽。

蛇雕 *Spilornis cheela*

分类地位	鸟纲 AVES 鹰形目 ACCIPITRIFORMES 鹰科 Accipitridae

保护级别	国家二级、CITES 附录 II	贸易类型	活体为主

分　布	黑龙江、北京、四川、西藏、江西、广东等

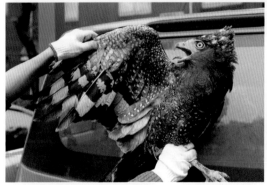

◉ **鉴别特征**　体长50～74 cm。成鸟前额白色，头顶黑色，羽基白色，枕部有大而显著的黑色冠羽，其上有白色横斑；上体灰褐色，具窄的白色或淡棕黄色羽缘；喉部和胸部灰褐色，具淡色虫蠹状斑，下体余部皮黄色，具丰富的白色圆形细斑；飞羽黑色，具白色端斑和淡褐色横斑，翼上小覆羽褐色，具白色斑点；尾黑色，具1条宽阔的白色中央横带和窄的白色尖端，尾上覆羽具白色尖端。虹膜黄色；喙灰褐色；跗跖黄色，被网状鳞，爪黑色。

草原雕 *Aquila nipalensis*

分类地位	鸟纲 AVES 鹰形目 ACCIPITRIFORMES 鹰科 Accipitridae

| 保护级别 | 国家一级、CITES 附录 II | 贸易类型 | 活体为主 |

| 分　布 | 吉林、北京、山东、四川、西藏、湖南、广东等 |

👁 **鉴别特征**　体长 70～82 cm。成鸟全身近褐色，鼻孔椭圆形；翼下飞羽色浅，具深褐色横纹，尾上覆羽白色，尾下覆羽棕褐色，尾棕褐色，具深色横斑，尾端深褐色。虹膜褐色；喙黄色，蜡膜黄色；跗跖黄色，被羽，爪较小，后爪长度不及 50 mm。

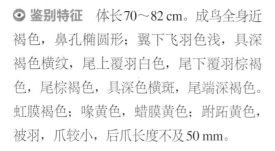

金雕 *Aquila chrysaetos*

分类地位 鸟纲AVES鹰形目ACCIPITRIFORMES鹰科Accipitridae

保护级别 国家一级、CITES附录Ⅱ　　　**贸易类型** 活体为主

分　布 除辽宁、广西、海南、台湾外，国内各省份均有分布

◉ **鉴别特征**　体长78～105 cm。成鸟头顶黑褐色，耳羽黑褐色，头后部至后颈羽毛尖长，具黑褐色羽干纹，颏部、喉部和前颈黑褐色，羽基白色；上体暗褐色，肩部较淡，背部、肩部微缀有紫色光泽；初级飞羽黑褐色，内侧初级飞羽内翈基部灰白色，次级飞羽暗褐色，基部具灰白色斑纹，翼上覆羽赤褐色，羽端较淡，翼下覆羽暗褐色；胸部、腹部黑褐色，羽轴纹较淡；尾羽深褐色，具不规则的暗灰褐色横斑或斑纹，尾上覆羽淡褐色，尾下覆羽暗褐色。虹膜褐色；喙基黄色，喙端黑色；跗跖被羽，爪甚大，后爪长度超过50 mm。

凤头鹰 *Accipiter trivirgatus*

分类地位 鸟纲AVES鹰形目ACCIPITRIFORMES鹰科Accipitridae

保护级别 国家二级、CITES附录Ⅱ　　　　**贸易类型** 活体、死体等

分　布 北京、陕西、四川、西藏、湖南、广东等

◉ **鉴别特征** 体长40～48 cm。成鸟前额、头顶、后枕及其羽冠黑灰色，头部和颈侧较淡，具黑色羽干纹，颏部、喉部白色，具一黑褐色中央纵纹；两翼飞羽具暗褐色横带，内翈基部白色；翼下飞羽具数条宽阔的黑色横带；背部褐色，胸部具宽的棕褐色纵纹，胸部以下具暗棕褐色与白色相间排列的横斑；尾淡褐色，具白色端斑和几道暗褐色横带，尾下覆羽白色。虹膜黄色；喙灰色，喙尖黑色；跗跖黄色，前后缘均具盾状鳞。

赤腹鹰 *Accipiter soloensis*

分类地位 鸟纲 AVES 鹰形目 ACCIPITRIFORMES 鹰科 Accipitridae

保护级别 国家二级、CITES 附录 II **贸易类型** 活体为主

分 布 辽宁、北京、陕西、四川、福建、广东等

👁 **鉴别特征** 体长 25～36 cm。成鸟上体淡蓝灰色，枕部和后颈基部羽毛白色，头侧淡灰色，眼先基部白色，喉部乳白色，具极窄而不甚明显的淡灰色羽轴纹，胸部淡粉红色，腹部淡粉白色，两胁粉灰色；初级飞羽石板黑色，三级飞羽基部、次级和初级飞羽内翈基部为白色，翼下覆羽乳白色，次级和初级飞羽下表面白色，外侧 4 枚初级飞羽近基部白色，尖端黑色；中央尾羽淡灰白色，其余尾羽灰色，具 4～5 道暗色横斑，尾下覆羽白色。虹膜，雄鸟红褐色，雌鸟黄色；喙铅灰色；跗跖黄色，前后缘均具盾状鳞，爪黑色。

日本松雀鹰 *Accipiter gularis*

分类地位	鸟纲 AVES 鹰形目 ACCIPITRIFORMES 鹰科 Accipitridae
保护级别	国家二级、CITES附录Ⅱ　　　**贸易类型**　活体为主
分　布	国内多个省份有分布

◉ **鉴别特征**　体长23～30 cm。雄鸟头部灰色，枕部和后颈羽毛基部白色，头两侧淡灰色，喉部乳白色，具1条窄细的黑灰色中央纹；胸部、腹部、两胁白色，具淡灰色或棕红色横斑，胸部具红棕色纵纹；背部深灰色，两翼深灰色，初级飞羽内翈和次级飞羽淡灰色，基部白色，初级飞羽尖端黑色，具黑灰色横斑，三级飞羽内翈大部分为白色，外翈灰色，翼下覆羽白色，具灰色斑点，肩羽基部具宽的白色斑，腋羽白色，具灰色横斑；尾灰褐色，具3道黑色横斑和1道宽的黑色端斑，尾下覆羽白色。虹膜，雄鸟红色，雌鸟黄色；喙青色；跗跖黄色，前后缘均具盾状鳞，爪黑色。

松雀鹰 *Accipiter virgatus*

分类地位	鸟纲AVES鹰形目ACCIPITRIFORMES鹰科Accipitridae		
保护级别	国家二级、CITES附录Ⅱ	贸易类型	活体、死体等
分 布	国内多个省份有分布		

👁 **鉴别特征**　体长28～36 cm。成鸟整个头顶至后颈石板黑色，头顶缀有棕褐色，眼先白色，脸颊棕褐色，头侧、颈侧和上体余部暗灰褐色，后颈基部羽毛白色，颏部和喉部白色，具1条宽阔的黑褐色中央纵纹，有黑色髭纹；肩部和三级飞羽基部有白斑，次级飞羽和初级飞羽外翈具黑色横斑，内翈基部白色，具褐色横斑，翼下覆羽具黑色横斑；胸部和两胁白色，具宽而粗的灰栗色横斑，腹部白色，具灰褐色横斑，腋羽棕色，具黑色横斑；尾和尾上覆羽灰褐色，尾具4道黑褐色横斑，尾下覆羽白色，具少许断裂的暗灰褐色横斑。虹膜黄色；喙基部铅蓝色，尖端黑色；跗跖黄色，前后缘均具盾状鳞，中趾特长。

雀鹰 *Accipiter nisus*

分类地位	鸟纲 AVES 鹰形目 ACCIPITRIFORMES 鹰科 Accipitridae
保护级别	国家二级、CITES 附录 II　　　贸易类型　活体为主
分　布	国内各省份均有分布

👁 **鉴别特征**　体长 32～43 cm。雄鸟头顶、枕部和后颈较暗,前额微缀棕色,后颈羽基白色,眼先灰色,头侧和脸棕色,具暗色羽干纹,上体余部暗灰色,初级飞羽暗褐色,内翈白色,具黑褐色横斑,次级飞羽外翈青灰色,内翈白色,具暗褐色横斑,翼上覆羽暗灰色,翼下覆羽和腋羽白色,具暗褐色细横斑;下体白色,颏部、喉部满布褐色羽干纹,胸部、腹部和两胁具红褐色或暗褐色横斑;尾羽灰褐色,具灰白色端斑和较宽的黑褐色次端斑,还具几道黑褐色横斑,尾上覆羽暗灰色,尾下覆羽白色。虹膜,雄鸟橙红色,雌鸟黄色;喙深灰色;跗跖黄色,前后缘均具盾状鳞。

苍鹰 *Accipiter gentilis*

分类地位	鸟纲AVES鹰形目ACCIPITRIFORMES鹰科Accipitridae
保护级别	国家二级、CITES附录Ⅱ　　**贸易类型**　活体为主
分　布	国内各省份均有分布

◉ **鉴别特征**　体长47～59 cm。成鸟头部苍灰色，具显著的白色眉纹，喉部白色；胸部、腹部较白，密布灰褐色和白色相间的横纹；翼下白色，具灰褐色横斑；翼上、背部苍灰色；尾下覆羽较白，斑纹较少，尾羽灰色，具深色横纹。虹膜橙红色；喙铅灰色；跗跖黄色，前后缘均具盾状鳞。

鹰科

普通鵟 *Buteo japonicus*

分类地位 | 鸟纲AVES 鹰形目ACCIPITRIFORMES 鹰科Accipitridae
保护级别 | 国家二级、CITES附录Ⅱ　　　贸易类型 | 活体为主
分　布 | 国内各省份均有分布

◉ **鉴别特征**　体长50~59 cm。本种体色变化较大，一般可分为浅色型、棕色型、深色型3种。成鸟整体黄褐色，头部较圆，多为褐色；胸部皮黄色，斑纹较少，腹部皮黄色，具深褐色斑块；翼较宽大，多为褐色，翼上褐色，翼下可见深色腕部斑块；背部、尾羽褐色，尾下覆羽皮黄色。虹膜暗褐色；喙基黄色，喙端灰色；跗跖被羽，后缘具盾状鳞。

黄嘴角鸮 *Otus spilocephalus*

分类地位	鸟纲AVES 鸮形目STRIGIFORMES 鸱鸮科Strigidae
保护级别	国家二级、CITES附录Ⅱ　　　**贸易类型** 活体为主
分　布	云南、江西、福建、广东、澳门、广西、海南、台湾

◉ **鉴别特征**　体长约20 cm。成鸟耳羽簇显著，棕褐色，具窄的黑色横斑，面盘亦为棕褐色，横斑黑色，下缘缀有白色；两翼棕褐色，缀以黑褐色虫蠹状细纹，肩羽外翈白色，近尖端处黑色，并在肩部形成1道白色斑块，小翼羽暗棕褐色，外翈有4道浅黄色斑，初级飞羽暗棕褐色，外翈浅棕栗色，具白色与栗色相间的横斑；尾棕栗色，具6道近黑色横斑，尾上覆羽棕褐色，尾下覆羽暗棕栗色，具细小横斑，下体棕褐色，具非常斑杂的虫蠹状细斑和暗色纵纹，腹中部棕白色。虹膜黄色；喙黄色；跗跖被羽。

领角鸮 *Otus lettia*

分类地位	鸟纲 AVES 鸮形目 STRIGIFORMES 鸱鸮科 Strigidae

保护级别	国家二级、CITES 附录 Ⅱ	贸易类型	活体、死体等

分　布	国内多个省份有分布

👁 **鉴别特征**　体长 20～27 cm。成鸟额部和面盘灰白色，两眼前缘黑褐色，眼上方羽毛白色，颏部、喉部白色，上喉有1圈皱领，微沾棕色，各羽具黑色羽干纹，两侧有细的横斑纹；后颈灰褐色，具黑褐色羽干纹，杂有棕白色斑点，这些棕白色斑点在后颈处大且多，形成1个不完整的半领圈；两翼主要为灰褐色，初级飞羽黑褐色，外翈杂以宽阔的棕白色横斑；胸部、腹部灰白色，满布黑褐色羽干纹及浅棕色波状横斑；尾灰褐色，具6道棕色而杂有黑色斑点的横斑，尾下覆羽白色。虹膜暗褐色；喙黄色沾绿色；跗跖被羽。

红角鸮 *Otus sunia*

分类地位	鸟纲AVES 鸮形目STRIGIFORMES 鸱鸮科 Strigidae	
保护级别	国家二级、CITES附录 II	贸易类型 活体、死体等
分 布	国内多个省份有分布	

◉ **鉴别特征** 体长16～22 cm。本种有红色型和灰色型两种。灰色型成鸟头部灰色，深褐色面盘不甚明显，头顶具黑色纵纹，耳羽簇较明显；胸部、腹部灰褐色，具明显的黑色纵纹；背部、两翼灰色；肩部具显著的白色斑块。虹膜黄色；喙角质灰色；跗跖被羽。

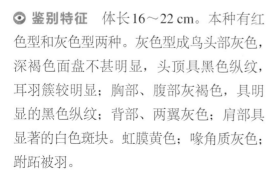

雕鸮 *Bubo bubo*

分类地位	鸟纲AVES 鸮形目STRIGIFORMES 鸱鸮科Strigidae
保护级别	国家二级、CITES附录Ⅱ　　　贸易类型　活体、死体、标本等
分　　布	国内多个省份有分布

👁 **鉴别特征**　体长59～73 cm。成鸟面盘显著，淡棕黄色，杂以褐色细斑，眼上方有一大型黑斑，面盘余部淡棕白色，满杂褐色细斑，耳羽发达且显著突出头顶两侧；后颈和上背棕色，各羽具粗阔的黑褐色羽干纹；肩部、下背和翼上覆羽棕色，杂以黑褐色斑纹或横斑，并具粗阔的黑色羽干纹，腰部及尾上覆羽灰棕色，具暗褐色横斑和黑褐色斑点，飞羽棕色，具宽阔的黑褐色横斑和褐色斑点，颏部白色，胸部棕色，具粗的黑褐色羽干纹，两翈具黑褐色波状细斑，上腹和两胁的羽干纹变细，但两翈的黑褐色波状横斑显著。虹膜橙红色；喙灰色；跗跖被羽。

褐林鸮 *Strix leptogrammica*

分类地位	鸟纲 AVES 鸮形目 STRIGIFORMES 鸱鸮科 Strigidae
保护级别	国家二级、CITES 附录 II
分 布	国内多个省份有分布

贸易类型	活体、死体、标本等

◉ 鉴别特征 体长46～51 cm。成鸟头部偏圆形，黑色眼圈明显，棕褐色面盘显著，具白色眉纹，无耳羽簇；喉部白色；胸部、腹部棕褐色，密布褐色横纹；背部深褐色，具浅色斑纹；尾羽深褐色，具棕黄色横斑。虹膜深褐色；喙灰色；跗跖被羽。

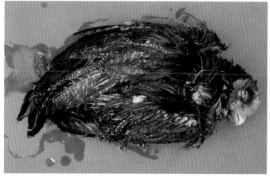

领鸺鹠 *Glaucidium brodiei*

分类地位	鸟纲AVES 鸮形目STRIGIFORMES 鸱鸮科Strigidae	
保护级别	国家二级、CITES附录Ⅱ	贸易类型 活体、死体等
分 布	国内多个省份有分布	

◉ 鉴别特征 体长约15 cm。成鸟头部灰褐色，眼先及眉纹白色，前额、头顶和头侧有细密的白色斑点，面盘不明显，无耳羽簇，头后棕色，具明显的黑色"伪眼"，后颈有显著的棕黄色领圈；颏部、喉部白色，喉部具1道细的栗褐色横带；两翼覆羽和次级飞羽暗褐色，具棕色横斑，初级飞羽黑褐色，外翈具棕红色斑点，内翈基部具白色斑；胸部具显著的褐色横纹；腹部白色，具粗大的褐色点状纵纹；背部黄褐色，具白色横斑；尾暗褐色，具6道浅黄白色横斑，尾下覆羽白色，先端杂有褐色斑点。虹膜黄色；喙黄色；跗跖黄色。

斑头鸺鹠 *Glaucidium cuculoides*

分类地位 鸟纲 AVES 鸮形目 STRIGIFORMES 鸱鸮科 Strigidae

保护级别 国家二级、CITES 附录 Ⅱ　　**贸易类型** 活体、死体等

分　布 国内多个省份有分布

◉ **鉴别特征**　体长 20～26 cm。成鸟面盘不明显，无耳羽簇，头部、颈部和整个上体暗褐色，密被细狭的棕白色横斑，头顶横斑特别细小而密，眉纹白色；两翼暗褐色，部分肩羽和大覆羽外翈有大的白斑，飞羽黑褐色，外翈缀以棕色的三角形羽缘斑，三级飞羽内外翈均具横斑；颏部、颚部纹白色，喉中部褐色，具皮黄色横斑，胸部白色，具褐色横斑，腹部白色，具褐色纵纹；尾羽黑褐色，具 6 道显著的白色横斑和羽端斑，尾下覆羽白色。虹膜黄色；喙黄色；跗跖黄色。

北鹰鸮 *Ninox japonica*

分类地位	鸟纲AVES鸮形目STRIGIFORMES鸱鸮科Strigidae	
保护级别	国家二级、CITES附录Ⅱ	贸易类型 活体为主
分　布	国内多个省份有分布	

👁 **鉴别特征**　体长约30 cm。成鸟头部深褐色，无面盘和耳羽簇，眼先白色，杂有黑羽，头顶、后颈至上背暗棕褐色，杂有白色斑块；背部、两翼褐色，具白色斑纹；颏部、喉部灰白色，具褐色细纹，胸部、腹部、两胁褐色，两翈羽缘白色，形成粗大的红褐色点状纵纹；尾羽黑褐色，具灰褐色横斑和灰白色端斑，尾上覆羽棕褐色，尾下覆羽白色。虹膜黄色；喙灰色；跗跖被棕褐色羽，胫羽褐色。

草鸮 *Tyto longimembris*

分类地位	鸟纲AVES 鸮形目STRIGIFORMES 草鸮科 Tytonidae

保护级别	国家二级、CITES 附录 II	贸易类型	活体为主

分　布	国内多个省份有分布

◉ **鉴别特征**　体长35～44 cm。成鸟面部黄褐色，具明显的心形面盘，头顶黄褐色，无耳羽簇；胸部、腹部皮黄色，具褐色斑点；背部、翼上黄褐色，具明显的黑色斑块；尾羽较短，具较明显的横纹。虹膜深褐色；喙黄褐色；跗跖被羽。

盔犀鸟 *Rhinoplax vigil*

分类地位	鸟纲AVES 犀鸟目BUCEROTIFORMES 犀鸟科Bucerotidae
保护级别	CITES 附录 I　　　　　　贸易类型　头胄制品为主
分　布	印度尼西亚、马来西亚、缅甸和泰国等

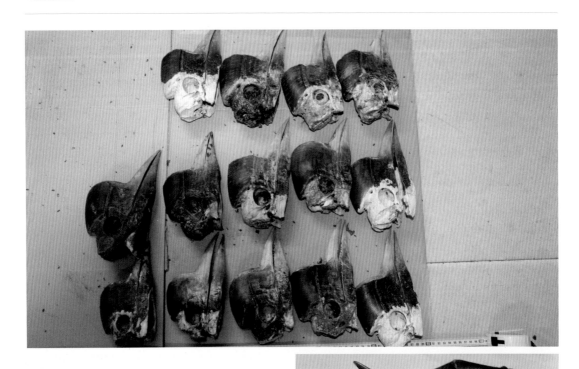

👁 **鉴别特征**　头骨由凸出的盔突和弧形喙组成，盔突正面淡黄色至黄色，侧面淡红色至深红色，喙黄色；盔突坚硬，细腻，光滑圆润；盔突内层白色至黄色，两侧边缘淡红色，薄处半透明。

白喉犀鸟 *Anorrhinus austeni*

分类地位	鸟纲 AVES 犀鸟目 BUCEROTIFORMES 犀鸟科 Bucerotidae
保护级别	国家一级、CITES 附录 II
分　布	云南

贸易类型	活体为主

◉ **鉴别特征**　体长 60～68 cm。成鸟喙巨大，上方具盔，前额、头顶、枕部灰褐色，具棕色羽缘和白色羽轴纹；颏部、喉部、脸颊及颈侧污白色；肩羽和翼上覆羽褐色，飞羽近黑色，具绿色光泽，初级飞羽末端白色，内侧初级飞羽外翈中部皮黄色，在翼上形成皮黄色斑；胸部、腹部至尾下覆羽浅褐色，下体尾羽棕褐色，仅尾端白色，尾上覆羽尖端棕色，中央尾羽暗褐色，外侧尾羽黑色，具铜绿色光泽和白色尖端。虹膜暗褐色，眼周裸皮蓝灰色；喙土黄色；跗跖黑褐色。

花冠皱盔犀鸟 *Rhyticeros undulatus*

分类地位	鸟纲AVES犀鸟目BUCEROTIFORMES犀鸟科Bucerotidae
保护级别	国家一级、CITES附录Ⅱ　　**贸易类型** 活体为主
分　布	云南、西藏

◉ **鉴别特征**　体长84～102 cm。成鸟具明显的盔突，雄鸟前额栗色，并沿头顶中央向后延伸至枕部后变宽，羽冠栗色，头侧、脸部、前颈、颈侧和上胸白色，微沾皮黄色，后枕往后的整个后颈和体羽黑色，具金属绿色或紫蓝色光泽，尾纯白色，喉囊皮肤黄色，其上有一宽的黑色横带。雌鸟尾白色，其余体羽黑色，具金属绿色或紫蓝色光泽，喉囊皮肤亮蓝色，具1道黑色横带。虹膜，雄鸟红色，雌鸟灰褐色，眼周裸皮红色；喙淡黄色，喙缘有细锯齿状缺刻，上喙基部有一较扁平的盔突，其上有几道皱褶，形成"皱盔"，盔突及喙基两侧均有沟纹；跗跖近黑色。

戴胜 *Upupa epops*

分类地位 鸟纲 AVES 犀鸟目 BUCEROTIFORMES 戴胜科 Upupidae

保护级别 国家"三有"   贸易类型 活体为主

分　布 国内各省份均有分布

◉ **鉴别特征**　体长 25～32 cm。成鸟头颈至上背肉桂色，头顶具有明显的羽冠，羽冠具黑色端斑和白色次端斑；两翼较圆，具明显的黑白色横纹；喉部及胸部与上体颜色相近，腹部白色，带有褐色斑纹；腰白色；尾羽黑色，中部具白色横斑。虹膜暗褐色；喙黑色，基部肉色，细长，略下弯；跗跖浅灰色。

翠鸟科

白胸翡翠 *Halcyon smyrnensis*

分类地位 鸟纲AVES 佛法僧目CORACIIFORMES 翠鸟科Alcedinidae

保护级别 国家二级   **贸易类型** 活体、标本、羽毛等

分 布 国内多个省份有分布

⊙ **鉴别特征** 体长27～30 cm。成鸟头部、颈部深栗色，额部至胸部白色；肩背、尾上覆羽及尾羽蓝色；小覆羽栗色，中覆羽黑色，大覆羽、初级覆羽和次级飞羽蓝色；初级飞羽黑色，除第一枚初级飞羽外，其余初级飞羽内翈基部白色，在翼上形成明显的白色翅斑；翼下覆羽、腹部至尾下覆羽深栗色。虹膜暗褐色；喙红色；跗跖红色。

蓝翡翠 *Halcyon pileata*

分类地位	鸟纲AVES 佛法僧目CORACIIFORMES 翠鸟科 Alcedinidae
保护级别	国家"三有"

贸易类型 活体为主

分　布 除新疆、西藏、青海外，国内各省份均有分布

🔵 **鉴别特征**　体长26～30 cm。成鸟头顶至枕部黑色，额部至后颈白色，向两侧延伸且与喉部、胸部的白色相连，形成白色领环，眼下有一白色斑；背羽、腰羽和尾羽深蓝色；翼上覆羽黑色，形成一人块黑斑，初级飞羽和次级飞羽蓝色，初级飞羽基部白色，末端黑色；喉部及上胸白色，胸部、腹部和翼下覆羽橙色。虹膜深褐色；喙红色；跗跖红色。

普通翠鸟 *Alcedo atthis*

分类地位　鸟纲 AVES 佛法僧目 CORACIIFORMES 翠鸟科 Alcedinidae

保护级别　国家"三有"　　　贸易类型　活体、死体等

分　布　国内各省份均有分布

◉ **鉴别特征**　体长约 16 cm。成鸟头部深蓝绿色，遍布亮蓝色斑纹；眼先、耳覆羽橘黄色，耳后具白色斑；肩羽和翼上覆羽墨蓝色，肩羽具蓝色珠点；背部亮蓝色；颏部、喉部白色，胸部、腹部及整个下体橙黄色。虹膜暗褐色；喙黑色；跗跖橙红色。

红隼 *Falco tinnunculus*

分类地位 鸟纲AVES隼形目FALCONIFORMES隼科Falconidae

保护级别 国家二级、CITES附录Ⅱ　　**贸易类型** 活体、死体等

分　　布 国内各省份均有分布

◎ **鉴别特征**　体长31~38 cm。雄鸟头部灰色，脸颊白色；胸部、腹部皮黄色，具褐色斑纹；翼下浅灰色，具褐色斑纹，翼上覆羽、背部砖红色，具褐色斑纹，飞羽上面近黑色；尾下覆羽白色，少斑纹，尾灰色，尾端黑色明显。雌鸟头部灰褐色；胸部、腹部皮黄色，具褐色斑纹；翼下浅灰色，具褐色斑纹，背部红褐色，具褐色斑纹；尾红褐色，具褐色横纹，尾端黑色明显。虹膜深褐色；喙端灰色，喙基黄色；跗跖黄色。

红脚隼 *Falco amurensis*

分类地位	鸟纲AVES 隼形目FALCONIFORMES 隼科Falconidae		
保护级别	国家二级、CITES 附录 Ⅱ	贸易类型	活体为主
分 布	除海南外，国内各省份均有分布		

◉ **鉴别特征**　体长25～30 cm。成年雄鸟头部深灰色；胸部、腹部灰色；翼下亮白色覆羽与深灰色飞羽形成明显对比，翼上覆羽、背部深灰色；尾下覆羽橙红色，尾灰色。雌鸟头部灰色，脸颊白色；胸部、腹部白色，具灰褐色斑纹；翼下密布灰褐色横斑，翼后缘深色，翼上、背部灰色；尾下覆羽浅橙色。虹膜深褐色；喙端灰色，喙基橙色；跗跖橙红色。

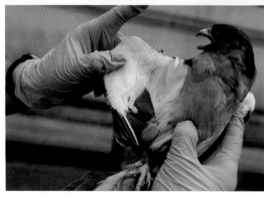

燕隼 *Falco subbuteo*

分类地位	鸟纲AVES隼形目FALCONIFORMES隼科Falconidae

保护级别	国家二级、CITES附录 Ⅱ	贸易类型	活体为主

分　布	国内多个省份有分布

◉ **鉴别特征**　体长29～35 cm。成鸟前额白色，头顶至后颈灰黑色，眼上有1条细的白色眉纹，后颈羽基白色；头侧、眼下和嘴角垂直向下的髭纹黑色；颈侧、颏部、喉部白色，微沾棕色；背部、肩部、腰部蓝灰色，具黑褐色羽干纹；初级飞羽和次级飞羽黑褐色，内翈具淡黄色的不规则横斑，翼上覆羽蓝灰色；翼下覆羽和腋羽白色，密被黑褐色横斑和斑点；胸部、上腹白色，具显著的黑色纵纹；下腹、覆腿羽棕栗色；尾灰色，除中央尾羽外，所有尾羽内翈均具皮黄色、棕色或黑褐色横斑和淡棕黄色羽端；尾上覆羽蓝灰色，尾下覆羽栗棕色。虹膜深褐色；喙端灰色，喙基黄色；跗跖黄色。

73

游隼 *Falco peregrinus*

分类地位	鸟纲AVES 隼形目FALCONIFORMES 隼科Falconidae
保护级别	国家二级、CITES附录 I　　**贸易类型**　活体为主
分　布	国内多个省份有分布

◉ **鉴别特征**　体长41～50 cm。成鸟头顶和后颈蓝灰色到黑色，脸颊部和宽阔而下垂的髭纹黑褐色，喉部和髭纹前后白色，背部、肩部蓝灰色，具黑褐色羽干纹和横斑，飞羽黑褐色，具污白色端斑并微缀棕色斑纹，内翈具灰白色横斑，翼上覆羽淡蓝灰色，具黑褐色羽干纹和横斑；翼下覆羽、腋羽白色，具密集的黑褐色横斑；上胸和颈侧具细的黑褐色羽干纹，下体余部具黑褐色横斑；尾暗蓝灰色，具黑褐色横斑和淡色尖端，尾上覆羽蓝灰色。虹膜深褐色；喙端铅灰色，喙基黄色；跗跖被羽，脚和趾橙黄色，爪黑色。

粉红凤头鹦鹉 *Eolophus roseicapilla*

分类地位 鸟纲AVES鹦鹉目PSITTACIFORMES凤头鹦鹉科Cacatuidae

保护级别 CITES附录Ⅱ   **贸易类型** 活体为主

分　布 澳大利亚

👁 **鉴别特征** 体长约35 cm。成鸟具明显的凤头，前额、头顶及颈部浅粉色；两翼及尾羽均为灰色，翼下覆羽粉红色；腰部、尾下覆羽近白色；颊部、腹部粉红色。虹膜，雄鸟暗褐色，雌鸟红棕色，眼圈粉色；喙肉白色；跗跖灰色。

西长嘴凤头鹦鹉 *Cacatua pastinator*

分类地位	鸟纲 AVES 鹦鹉目 PSITTACIFORMES 凤头鹦鹉科 Cacatuidae

保护级别	CITES 附录 Ⅱ	贸易类型	活体为主

分　布	澳大利亚

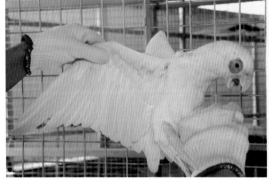

👁 **鉴别特征**　体长 37～45 cm。成鸟通体白色，冠羽较长，眼周裸露皮肤范围较大，呈蓝色；眼先羽毛橙红色；初级飞羽及尾羽内侧均为黄色，尾下覆羽白色。虹膜暗褐色；喙铅色，较长；跗跖暗灰色。

小凤头鹦鹉 *Cacatua sanguinea*

分类地位 鸟纲 AVES 鹦鹉目 PSITTACIFORMES 凤头鹦鹉科 Cacatuidae

保护级别 CITES 附录 II

贸易类型 活体为主

分 布 巴布亚新几内亚、澳大利亚

👁 **鉴别特征** 体长约 37 cm。成鸟通体白色，冠羽较小，眼周至眼下裸露皮肤蓝色，且眼下裸露皮肤凸起；眼先羽毛橙红色；耳羽略沾黄色；初级飞羽及尾羽内侧淡黄色，尾下覆羽白色。虹膜暗棕色；喙淡铅色，较小；跗跖暗灰色。

戈芬氏凤头鹦鹉 *Cacatua goffiniana*

分类地位 鸟纲AVES 鹦鹉目PSITTACIFORMES 凤头鹦鹉科Cacatuidae

保护级别 CITES附录 I **贸易类型** 活体为主

分　布 印度尼西亚

◉ **鉴别特征** 体长约30 cm。成鸟通体白色，冠羽不明显，眼周淡青色，眼先至喙部羽毛淡红色，脸颊及耳羽呈不甚明显的淡黄色，初级飞羽及尾羽内侧淡黄色，尾下覆羽白色。虹膜，雄鸟暗棕色，雌鸟红棕色；喙淡铅色；跗跖暗灰色。

葵花凤头鹦鹉 *Cacatua galerita*

分类地位	鸟纲AVES 鹦鹉目PSITTACIFORMES凤头鹦鹉科Cacatuidae

保护级别 CITES 附录 II   **贸易类型** 活体为主

分　布 澳大利亚、印度尼西亚

◉ **鉴别特征**　体长45～55 cm。成鸟大部分为白色，冠羽黄色，耳羽淡黄色，初级飞羽及尾羽内侧黄色。虹膜，雄鸟暗棕色，雌鸟红棕色；喙黑色，粗厚而强壮，上嘴向下钩曲，两侧的边缘有缺刻，基部具蜡膜；跗跖暗灰色。

橙冠凤头鹦鹉 *Cacatua moluccensis* 别名：鲑色凤头鹦鹉

分类地位 鸟纲AVES 鹦鹉目PSITTACIFORMES 凤头鹦鹉科Cacatuidae

保护级别 CITES附录 I　　　　　**贸易类型** 活体为主

分　布 印度尼西亚

👁 **鉴别特征**　体长约50 cm。成鸟体羽大部分为白色或淡橙色，羽冠橙色，眼周裸皮淡蓝色，两翼及尾羽内侧淡橙黄色。虹膜，雄鸟黑色，雌鸟棕色；喙黑色；跗跖暗灰色。

白凤头鹦鹉 *Cacatua alba*

分类地位 鸟纲 AVES 鹦鹉目 PSITTACIFORMES 凤头鹦鹉科 Cacatuidae

保护级别 CITES 附录 II　　贸易类型 活体为主

分　布 印度尼西亚

◉ **鉴别特征** 体长约46 cm。成鸟体羽大部分白色，冠羽较大，白色，眼周裸皮淡蓝色，两翼及尾羽内侧淡黄色。虹膜，雄鸟黑色，雌鸟红棕色；喙黑色；跗跖暗灰色。

非洲灰鹦鹉 *Psittacus erithacus*

分类地位 鸟纲 AVES 鹦鹉目 PSITTACIFORMES 鹦鹉科 Psittacidae

保护级别 CITES 附录 I　　　　**贸易类型** 活体为主

分　布 非洲中部

◉ 鉴别特征 体长 28～39 cm。成鸟通体灰色，眼周裸露皮肤白色，头部和颈部的灰色羽毛带有浅灰色绲边，身上羽毛为银灰色，腹部的灰色羽毛则带有深色绲边；两翼棕灰色，初级飞羽黑色，腰白色；尾羽及尾下覆羽鲜红色。虹膜白色或淡黄色；喙黑色；跗跖铅黑色。

贾丁氏鹦鹉 *Poicephalus gulielmi*　别名：非洲红额鹦鹉

(分类地位) 鸟纲AVES鹦鹉目PSITTACIFORMES鹦鹉科Psittacidae

(保护级别) CITES附录Ⅱ　　　　(贸易类型) 活体为主

(分　布) 非洲中部

◉ **鉴别特征**　体长26～30 cm。成鸟体羽以绿色为主，额部及顶冠红色，眼周裸露皮肤近白色；背部及两翼棕黑色，每片羽毛均带有细窄的绿色绲边，初级飞羽棕黑色，翅缘橙红色，胸部、腹部、腰部均为绿色；尾较短，黑色。虹膜棕色；喙黑色；跗跖铅黑色，胫羽有少量红色羽毛。

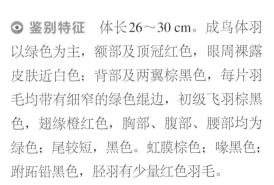

塞内加尔鹦鹉 *Poicephalus senegalus*

分类地位	鸟纲AVES 鹦鹉目PSITTACIFORMES 鹦鹉科Psittacidae
保护级别	CITES附录Ⅱ　　　　　**贸易类型** 活体为主
分　布	非洲西部

鉴别特征 体长约25 cm。成鸟头部暗灰色，后颈、背部、上胸及两翼均为绿色，胸部下方和腹部有"V"形的橙黄色羽毛；翼下覆羽和尾下覆羽为亮黄色，尾羽为棕绿色。虹膜黄色；喙黑色；跗跖铅黑色，胫羽绿色。

横斑鹦鹉 *Bolborhynchus lineola*

分类地位	鸟纲AVES 鹦鹉目PSITTACIFORMES 鹦鹉科 Psittacidae
保护级别	CITES附录 II　　**贸易类型** 活体为主
分　布	墨西哥至巴拿马、委内瑞拉至秘鲁

◉ **鉴别特征**　体长约17 cm。成鸟全身体羽以绿色为主，头顶、颈背、两胁及两翼均有明显的黑色横纹，肩部黑褐色；尾较短，呈楔形。虹膜褐色；喙淡黄色；跗跖肉色。

和尚鹦鹉 *Myiopsitta monachus* 别名：灰胸鹦哥

分类地位　鸟纲AVES 鹦形目PSITTACIFORMES 鹦鹉科Psittacidae

保护级别　CITES附录 II 　　　　　贸易类型　活体为主

分　布　南美洲

👁 **鉴别特征**　体长约28 cm。成鸟上体绿色，额头、面颊至胸部为灰白色，枕部和颈部均为绿色，胸部鳞纹明显，腹部淡黄绿色；初级飞羽淡蓝色；尾巴长且逐渐变细，上尾绿色，中央尾羽浅绿色。虹膜暗褐色；喙橘红色；跗跖铅黑色。其他色型：蓝色型、黄色型、白色型。

暗色鹦鹉 *Pionus fuscus*

分类地位	鸟纲 AVES 鹦鹉目 PSITTACIFORMES 鹦鹉科 Psittacidae
保护级别	CITES 附录 II
分　布	委内瑞拉、哥伦比亚、巴西、秘鲁

贸易类型 活体为主

◉ **鉴别特征** 体长约25 cm。成鸟全身暗褐色，眼圈白色，眼先红色，颊部及耳羽处有白色纵纹，胸部、腹部羽色较淡，具鳞纹；初级飞羽和尾羽均为蓝色，尾下覆羽红色。虹膜暗褐色；喙较长，末端黑色；跗跖灰色。

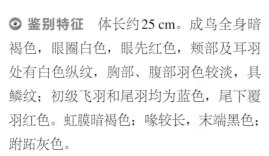

蓝头鹦鹉 *Pionus menstruus*

分类地位	鸟纲 AVES 鹦鹉目 PSITTACIFORMES 鹦鹉科 Psittacidae

保护级别	CITES 附录 II	贸易类型	活体为主

分　布	哥斯达黎加、委内瑞拉、哥伦比亚、巴西、玻利维亚等

👁 **鉴别特征**　体长24～28 cm。成鸟体羽以绿色为主，头部呈钴蓝色，泛着紫色虹彩光泽；耳羽具黑褐色圆点；初级飞羽和次级飞羽显示层次不同的绿色，肩部呈黄绿色；尾呈绿色，最外侧尾羽为蓝色，尾下覆羽红色。虹膜深褐色；喙黑色，基部具特殊的棕色斑；跗跖灰色。

红额亚马逊鹦鹉 *Amazona festiva* 别名：红额蓝颈鹦哥

分类地位 鸟纲AVES鹦鹉目PSITTACIFORMES鹦鹉科Psittacidae

保护级别 CITES附录Ⅱ   **贸易类型** 活体为主

分 布 委内瑞拉、哥伦比亚

◉ **鉴别特征** 体长约34 cm。成鸟体羽以绿色为主，眼先至额头红色，眼周及颊部淡蓝色，颈部的羽毛均有淡淡的黑边；初级飞羽边缘为黄绿色，主要覆羽及飞行羽为蓝紫色；胸部具鳞纹，腰部鲜红色，尾羽绿色并有着黄绿色的尖端。虹膜橙色；喙灰黑色；跗跖灰色。

鹦鹉科

黄冠亚马逊鹦鹉 *Amazona ochrocephala* 别名：黄冠鹦哥

分类地位	鸟纲AVES 鹦鹉目PSITTACIFORMES 鹦鹉科Psittacidae
保护级别	CITES 附录 II　　贸易类型　活体为主
分　布	中美洲至南美洲北部

◉ **鉴别特征**　体长约36 cm。成鸟体羽以绿色为主，额头黄色，眼圈白色，翼下内侧覆羽边缘红色，大覆羽部分红色，两翼飞羽均具明显的红色斑块，尾羽较短，内侧黄绿色。虹膜橙黄色；喙灰黑色；跗跖灰色。

蓝顶亚马逊鹦鹉 *Amazona aestiva* 别名：蓝顶鹦哥

分类地位	鸟纲 AVES 鹦鹉目 PSITTACIFORMES 鹦鹉科 Psittacidae
保护级别	CITES 附录 II
分 布	玻利维亚、巴西、阿根廷、巴拉圭

贸易类型 活体为主

◉ **鉴别特征** 体长约 37 cm。成鸟体羽以绿色为主，额头呈明亮的蓝色，头冠、耳、面颊和大腿处有黄色，初级飞羽泛蓝紫色，次级飞羽中间有少许红色点缀；胸部具鳞纹，胸部、背部及后颈羽毛均有淡淡的黑边。虹膜橘色；喙黑色；跗跖灰色。

鹦鹉科

橙翅亚马逊鹦鹉 *Amazona amazonica* 别名：橙翅鹦哥

分类地位 鸟纲 AVES 鹦鹉目 PSITTACIFORMES 鹦鹉科 Psittacidae

保护级别 CITES 附录 Ⅱ 　　　贸易类型 活体为主

分　布 南美洲

◉ 鉴别特征 体长约31 cm。成鸟体羽以绿色为主，眼圈白色，眼先及眼上方均为蓝色，颊部、额部黄色；两翼初级飞羽均具明显的橙红色斑块，胸部具不明显的鳞纹，背部及后颈羽毛均有淡淡的黑边；尾羽绿色，末端黄绿色，尾羽内侧橙红色。虹膜橙色；喙铅黑色；跗跖灰色。

太平洋鹦鹉 *Forpus coelestis*

分类地位	鸟纲AVES 鹦鹉目PSITTACIFORMES 鹦鹉科Psittacidae
保护级别	CITES附录Ⅱ　　　　贸易类型　活体为主
分　布	厄瓜多尔、秘鲁

◉ **鉴别特征**　体长约13 cm。成鸟全身以绿色为主，颊部及胸部、腹部均为淡绿色，眼后淡蓝色，眼圈白色，颈背偏灰绿色，两翼次级覆羽、次级飞羽及腰部蓝色，翼下覆羽深蓝色。虹膜褐色；喙灰白色；跗跖灰色。

黑头凯克鹦鹉 *Pionites melanocephalus*

分类地位	鸟纲 AVES 鹦鹉目 PSITTACIFORMES 鹦鹉科 Psittacidae
保护级别	CITES 附录 II **贸易类型** 活体为主
分 布	南美洲北部

👁 **鉴别特征** 体长约23 cm。成鸟额部至枕部均为黑色，眼下至喙部绿色，耳后至颈背淡橙色；喉部黄色；胸部、腹部白色；两翼绿色；尾羽绿色，尾下覆羽橙色。虹膜橙红色；喙黑色；跗跖铅灰色，胫羽橙色。

金头凯克鹦鹉 *Pionites leucogaster* 别名：白腹凯克鹦鹉

分类地位	鸟纲 AVES 鹦鹉目 PSITTACIFORMES 鹦鹉科 Psittacidae
保护级别	CITES 附录 II
分　布	南美洲北部

贸易类型 活体为主

◉ 鉴别特征　体长约 23 cm。成鸟额部至颈背均为橙黄色，颊部和喉部均为黄色，背部、两翼及尾羽绿色，胸部、腹部白色，尾下覆羽黄色。虹膜红色；喙肉白色；跗跖肉色，胫羽黄色。

鹰头鹦鹉 *Deroptyus accipitrinus*

分类地位 鸟纲AVES 鹦鹉目PSITTACIFORMES 鹦鹉科Psittacidae

保护级别 CITES附录II　　　　　　**贸易类型** 活体为主

分　布 南美洲

👁 **鉴别特征** 体长约35 cm。额部和顶冠具柔和的白色，眼先深褐色，枕部和头部两侧有棕色羽毛，并具有白色条纹；后颈、胸部羽毛红棕色，边缘蓝色，鳞纹明显；下体和下腹部绿色，有强烈的蓝色齿痕绲边；两翼及尾羽绿色，颈羽绿色。虹膜暗黄色；喙黑色；跗跖灰褐色。

蓝喉锥尾鹦鹉 *Pyrrhura cruentata* 别名：赭斑鹦哥

蓝喉锥尾鹦鹉 *Pyrrhura cruentata* 别名：赭斑鹦哥

分类地位	鸟纲 AVES 鹦形目 PSITTACIFORMES 鹦鹉科 Psittacidae

分类地位 鸟纲 AVES 鹦形目 PSITTACIFORMES 鹦鹉科 Psittacidae

保护级别 CITES 附录 I 　　**贸易类型** 活体为主

分　布 巴西

◉ **鉴别特征**　体长约 30 cm。成鸟前额、头顶、头部后方及颈部为暗棕色，具暗黄色斑纹；眼周裸皮蓝灰色，眼先及耳羽栗色，耳后橙色，面颊绿色；喉部及胸部上方为蓝色，鳞纹明显；下腹部中央为红色，其余部位及两胁为绿色；两翼、背部为绿色，初级飞羽为蓝色，肩羽红色；腰红色，具绿色斑点；尾羽基部绿色，末端渐黄，尾羽内侧红棕色，尾下覆羽绿色。虹膜黄色；喙黑灰色；跗跖铅黑色，胫羽绿色。

97

鹦鹉科

鲜红腹锥尾鹦鹉 *Pyrrhura perlata* 别名：珠颈鹦哥

分类地位	鸟纲AVES 鹦形目PSITTACIFORMES 鹦鹉科Psittacidae
保护级别	CITES 附录Ⅱ 贸易类型 活体为主
分　布	巴西、玻利维亚

◉ **鉴别特征** 体长约24 cm。成鸟额部、头顶及后颈为暗棕色，有蓝色斑点分布；眼睛周围有1圈白色的裸皮，颊部蓝绿色，耳羽为白棕色；颈侧、喉部及胸部棕色并逐渐变蓝，且每片羽毛都带有白色和暗黄色绲边，胸部鳞纹明显；腹部红色；两翼主要为绿色，初级飞羽为蓝色，两翼覆羽为红色；尾羽红棕色，尾下覆羽蓝色。虹膜褐色；喙灰黑色；跗跖铅黑色，胫羽蓝色。

绿颊锥尾鹦鹉 *Pyrrhura molinae* 别名：绿颊鹦哥

分类地位	鸟纲AVES 鹦形目PSITTACIFORMES 鹦鹉科Psittacidae

分类地位 鸟纲AVES 鹦形目PSITTACIFORMES 鹦鹉科Psittacidae

保护级别 CITES附录Ⅱ　　　　　**贸易类型** 活体为主

分　布 巴西、阿根廷

⊙ 鉴别特征 体长约26 cm。成鸟额部至顶冠棕黑色，具绿色斑纹，眼睛周围有1圈白色的裸皮，耳羽棕灰色，颊部绿色；颈侧、喉部至胸部棕色，鳞纹明显；两翼以绿色为主，初级飞羽为蓝色，两翼覆羽为红色；下腹部具明显的红色斑块，斑块面积大小在不同色型间存在差异；两胁绿色；尾羽红色，基部绿色，尾下覆羽绿色。虹膜褐色；喙深灰色；跗跖铅黑色，胫羽绿色。

鹦鹉科

99

黑顶锥尾鹦鹉 *Pyrrhura rupicola* 别名：黑顶鹦哥

分类地位	鸟纲AVES鹦鹉目PSITTACIFORMES鹦鹉科Psittacidae

保护级别	CITES附录Ⅱ	贸易类型	活体为主

分　布	秘鲁、玻利维亚

◉ **鉴别特征**　体长约25 cm。成鸟通体以绿色为主，额部至枕部均为黑色，眼睛周围有1圈白色的裸皮，眼上方、耳后及面颊均为绿色；颈侧、喉部及胸部黑褐色，每片羽毛均带有宽大的灰白色绲边，鳞片状明显；背部、两翼及腰部均为绿色，初级飞羽外侧淡蓝色，内侧为灰褐色，翼上小覆羽和初级大覆羽均为鲜红色；腹部绿色；尾绿色，尾羽内侧暗灰色。虹膜褐色；喙灰色沾黑色；跗跖铅黑色，胫羽绿色。

粉额锥尾鹦鹉 *Eupsittula aurea* 别名：粉额鹦哥

分类地位	鸟纲AVES 鹦鹉目PSITTACIFORMES 鹦鹉科Psittacidae

保护级别	CITES 附录 II	贸易类型	活体为主

分　布	南美洲

◉ **鉴别特征** 体长23～28 cm。成鸟通体以绿色为主，前额为橙色，后额及额两侧至眼先均为蓝色，眼睛周围有1圈白色的裸皮，眼圈暗褐色；颊部淡绿色；后颈、背部均为绿色；喉部、上胸为浅橄榄棕色；下胸、腹部、两翼及内侧覆羽均为黄绿色；次级飞羽蓝色，较初级飞羽明显；尾羽及尾羽内侧均为绿色。虹膜橙色；喙黑色；跗跖灰色。

太阳锥尾鹦鹉 *Aratinga solstitialis* 别名：金黄鹦哥

分类地位	鸟纲 AVES 鹦鹉目 PSITTACIFORMES 鹦鹉科 Psittacidae
保护级别	CITES 附录 II
贸易类型	活体为主
分　布	南美洲

◉ **鉴别特征**　体长约30 cm。成鸟通体以橙黄色为主，头部、喉部及上胸均为橙红色，眼睛周围有1圈白色的裸皮；背部橙黄色，两翼主要为黄色，翼上大覆羽及初级飞羽蓝绿色，但初级飞羽末段为蓝色；腹部及两胁均为橙红色；尾羽黄色，末段偏蓝色。虹膜深棕色；喙黑色；跗跖灰色，胫羽黄色。

红腹金刚鹦鹉 *Orthopsittaca manilatus*

分类地位 鸟纲 AVES 鹦鹉目 PSITTACIFORMES 鹦鹉科 Psittacidae

保护级别 CITES 附录 II   贸易类型 活体为主

分　布 南美洲

⊙ **鉴别特征**　体长约50 cm。成鸟通体以绿色为主，除额头为淡蓝色外，头部、背部均为绿色，脸颊裸露，呈黄色；两翼以绿色为主，初级飞羽蓝绿色，两翼内侧黄色；胸部及上腹部均为绿色而略沾灰色，下腹部具明显的红色斑块；尾羽绿色，尾下覆羽绿色，尾羽内侧黄色。虹膜褐色；喙黑色；跗跖铅色，胫羽绿色。

鹦鹉科

金领金刚鹦鹉 *Primolius auricollis*

分类地位 鸟纲AVES鹦鹉目PSITTACIFORMES鹦鹉科Psittacidae

保护级别 CITES附录Ⅱ　　　　**贸易类型** 活体为主

分　布 玻利维亚、巴拉圭、巴西、阿根廷

◉ **鉴别特征** 体长37～45 cm。成鸟通体以绿色为主，额部黑褐色，颈部绿色，后颈有1条横向的黄色斑块，其余部分为绿色；脸颊裸露，呈白色；两翼主要为绿色，初级飞羽为蓝色，两翼内侧为橄榄黄色；腹部及两胁均为绿色；尾羽基部红棕色，末段绿色并逐渐变蓝，尾羽内侧黄绿色，尾下覆羽绿色。虹膜橙色；喙基部灰黑色，末段渐白；跗跖肉色，胫羽绿色。

蓝翅金刚鹦鹉 *Primolius maracana*

分类地位	鸟纲 AVES 鹦形目 PSITTACIFORMES 鹦鹉科 Psittacidae

分类地位 鸟纲 AVES 鹦形目 PSITTACIFORMES 鹦鹉科 Psittacidae

保护级别 CITES 附录 I   **贸易类型** 活体为主

分　布 巴西、巴拉圭、阿根廷

◉ **鉴别特征**　体长 36～43 cm。成鸟通体以绿色为主，额基部红色，上额蓝色，头顶至后颈由蓝色逐渐向绿色过渡；脸颊裸露，呈白色；两翼主要为绿色，初级大覆羽和初级飞羽为蓝色，两翼内侧为橄榄黄色；腰部具红色斑块，下腹部两侧有类似 "V" 形的橘红色羽毛，腹部其余部分及两胁均为绿色；尾羽基部红棕色，其余部分蓝绿色，尾羽内侧黄色，尾下覆羽绿色。虹膜橘红色；喙黑色；跗跖肉色，胫羽绿色。

蓝黄金刚鹦鹉 *Ara ararauna*

分类地位 鸟纲AVES鹦鹉目PSITTACIFORMES鹦鹉科Psittacidae

保护级别 CITES附录Ⅱ　　　　**贸易类型** 活体为主

分　布 巴拿马、南美洲

◉ **鉴别特征**　体长约86 cm。成鸟额部黄绿色，自额后至整个上体为翠蓝色，眼先及颊部裸露，呈肉白色，自喙基部经眼睛下方至耳部有3条由黑色羽毛排列而成的横纹，眼先还有6～7条由黑色羽毛排列而成的竖纹；颏部、喉部均为黑色，延伸至颈侧和脸颊下方；颈侧、胸部、腹部橙黄色，两翼及尾羽均为深蓝色，两翼内侧黄褐色；尾羽内侧黄褐色。虹膜黄白色；喙黑色；跗跖铅色，胫羽黄色。

绯红金刚鹦鹉 *Ara macao*

分类地位 鸟纲 AVES 鹦鹉目 PSITTACIFORMES 鹦鹉科 Psittacidae

保护级别 CITES 附录 I　　　　　　　**贸易类型** 活体为主

分　布 墨西哥、尼加拉瓜、哥伦比亚、巴西、厄瓜多尔、秘鲁

◉ **鉴别特征**　体长约 87 cm。成鸟全身羽毛丰富多彩，眼先及颊部裸露，呈肉白色，额头至背部、胸部、腹部鲜红色；腰部蓝色；初级飞羽和次级飞羽均为蓝色，次级小覆羽红色，次级中覆羽黄色，末端绿色，翼下覆羽红色，初级飞羽和次级飞羽内侧黄褐色；尾羽红色，尾下覆羽蓝色。虹膜黄白色；上喙白色，基部一半黑色，下喙黑色；跗跖铅黑色，胫羽红色。

鹦鹉科

红绿金刚鹦鹉 *Ara chloropterus*

分类地位 鸟纲AVES 鹦鹉目PSITTACIFORMES 鹦鹉科Psittacidae

保护级别 CITES附录Ⅱ   **贸易类型** 活体为主

分 布 中南美洲

◉ **鉴别特征** 体长约95 cm。成鸟体羽主要为红色和绿色；头部、颈部、背部红色；眼先及颊部白色，具几条红色横纹；初级飞羽、次级飞羽和次级大覆羽蓝色，次级中覆羽绿色，次级小覆羽红色，初级飞羽和次级飞羽内侧暗红色；尾羽红色，末端蓝色，尾上覆羽和尾下覆羽浅蓝色。虹膜黄白色；上喙白色，基部一半黑色，下喙黑色；跗跖铅黑色，胫羽红色。

金色鹦鹉 *Guaruba guarouba*　别名：金鹦哥

分类地位	鸟纲 AVES 鹦形目 PSITTACIFORMES 鹦鹉科 Psittacidae
保护级别	CITES 附录 I
分　布	巴西

贸易类型　活体为主

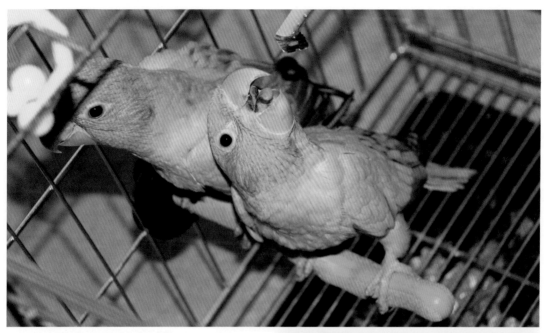

◉ **鉴别特征**　体长约35 cm。成鸟体羽主要为黄色；初级飞羽和次级飞羽均为绿色，两翼覆羽均为黄色，眼睛周围有1圈白色的裸皮；身体余部均为黄色。虹膜褐色；喙肉色；跗跖肉色，胫羽黄色。

红肩金刚鹦鹉 *Diopsittaca nobilis*

分类地位	鸟纲 AVES 鹦鹉目 PSITTACIFORMES 鹦鹉科 Psittacidae
保护级别	CITES 附录 II
贸易类型	活体为主
分　布	巴西、玻利维亚、秘鲁

⊙ 鉴别特征　体长约 30 cm。成鸟体羽主要为绿色，额头深蓝色，头部其余部分为绿色，眼先及颊部裸露，呈肉白色；背部及两翼飞羽绿色，翼下初级覆羽红色，翼下次级覆羽绿色，初级飞羽及次级飞羽内侧黄色；胸部、腹部绿色；尾羽绿色，尾羽内侧黄色。虹膜红棕色；喙黑色；跗跖灰褐色，胫羽绿色。

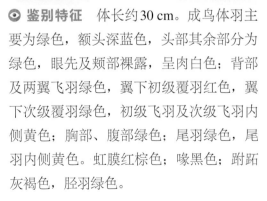

红额锥尾鹦鹉 *Psittacara wagleri* 别名：红额鹦哥

分类地位 鸟纲AVES 鹦鹉目PSITTACIFORMES 鹦鹉科Psittacidae

保护级别 CITES 附录 II　　　　**贸易类型** 活体为主

分　布 哥伦比亚、委内瑞拉、厄瓜多尔、秘鲁

⊙ **鉴别特征** 体长约36 cm。成鸟体羽主要为绿色，额头及顶冠红色，颊部有少许红色斑点，眼睛周围有1圈白色的裸皮，头部其余部分均为绿色；背部、胸部、腹部、两胁及两翼均为绿色，翼下覆羽绿色，最外缘具红色斑点，初级飞羽及次级飞羽内侧均为黄色；尾羽绿色，尾羽内侧黄色。虹膜黄白色；喙黄白色；跗跖肉色，胫羽绿色，末端沾红。

东澳玫瑰鹦鹉 *Platycercus eximius*

分类地位	鸟纲 AVES 鹦鹉目 PSITTACIFORMES 鹦鹉科 Psittacidae

保护级别 CITES 附录 II　　**贸易类型** 活体为主

分　布 澳大利亚

⦿ **鉴别特征**　体长约 30 cm。成鸟头部至胸部红色，颏部、喉部及颊部均为白色；颈背及翼上小覆羽为黑色，且每片羽毛都带有明显的黄色绲边，初级飞羽蓝色，翼下覆羽蓝色，初级飞羽及次级飞羽内侧黑褐色，腰部绿色，上腹黄色，下腹及两胁均为绿色；尾羽绿色，边缘蓝色，尾下覆羽红色，尾羽内侧蓝色。虹膜暗褐色；喙肉白色；跗跖灰色，胫羽绿色。

黄领吸蜜鹦鹉 *Lorius chlorocercus* 别名：黄领鹦鹉

分类地位	鸟纲AVES 鹦鹉目PSITTACIFORMES 鹦鹉科 Psittacidae	
保护级别	CITES 附录Ⅱ	贸易类型 活体为主
分　布	所罗门群岛东部	

◉ **鉴别特征** 体长约30 cm。成鸟额部至枕部均为黑色，眼周裸露皮肤灰褐色；颏部、喉部、颈背均为红色，颈两侧有长条状黑斑；胸部红色，上方具一长条状黄色横纹；两翼主要为绿色，初级飞羽具红色斑块，肩羽浅蓝色，初级飞羽内侧黑色，具红色斑块，次级飞羽黑色，翼下覆羽蓝色；腹部、两胁、背部为红色；尾羽基部红色，端部绿色，尾下覆羽红色，尾羽内侧橄榄黄色，上方为红色。虹膜橘红色；喙橙红色；跗跖黑色，胫羽蓝色。

鹦鹉科

喋喋吸蜜鹦鹉 *Lorius garrulus* 别名：噪鹦鹉

分类地位 鸟纲 AVES 鹦鹉目 PSITTACIFORMES 鹦鹉科 Psittacidae

保护级别 CITES 附录 II **贸易类型** 活体为主

分　布 巴布亚新几内亚及附近岛屿

◉ **鉴别特征** 体长约 30 cm。成鸟头部、额部、喉部、颈背均为红色，眼周裸露皮肤蓝灰色，背部红色，中央具一黄色斑块；两翼为黄绿色，翼下小覆羽黄色，翼下大覆羽黑色，初级飞羽和次级飞羽内侧上方红色，下方黑色；胸部、腹部、两胁、腰部红色；尾羽红色，末端绿色，尾上及尾下覆羽红色。虹膜橙黄色；喙橘红色，上喙基部灰色；跗跖黑色，胫羽绿色。

红色吸蜜鹦鹉 *Eos bornea* 别名：红鹦鹉

分类地位	鸟纲AVES鹦鹉目PSITTACIFORMES鹦鹉科Psittacidae
保护级别	CITES附录Ⅱ
贸易类型	活体为主
分　布	印度尼西亚

◉ 鉴别特征　体长约31 cm。成鸟通体以红色为主，眼周裸露皮肤蓝灰色，头部、背部红色；两翼为红色，初级飞羽具蓝色斑块，末端黑色；腹部红色，部分个体具零散的蓝色斑点，两胁红色；尾羽红色，尾下覆羽蓝色。虹膜红色；喙红色；跗跖灰色，胫羽红色。

蓝纹吸蜜鹦鹉 *Eos reticulata* 别名：蓝纹鹦鹉

分类地位 鸟纲 AVES 鹦鹉目 PSITTACIFORMES 鹦鹉科 Psittacidae

保护级别 CITES 附录 II **贸易类型** 活体为主

分 布 塔宁巴尔群岛

👁 **鉴别特征** 体长约 31 cm。成鸟体羽主要以红色和黑色为主，眼周裸露皮肤蓝色，有 1 道蓝紫色宽带纹通过眼睛和耳羽下方，一直覆盖到颈部两侧，背部具蓝色针状纵纹；两翼以红色为主，最外侧初级飞羽为黑色，初级飞羽及次级飞羽末端均为黑色，翼上小覆羽为红色，中覆羽黑色；胸部、腹部及两胁为红色，背部红色，偶见蓝色条纹；尾羽黑色，内侧及尾下覆羽为红色。虹膜橙红色；喙红色；跗跖灰色，胫羽红色。

黑色吸蜜鹦鹉 *Chalcopsitta atra*　别名：黑鹦鹉

分类地位	鸟纲 AVES 鹦形目 PSITTACIFORMES 鹦鹉科 Psittacidae

保护级别　CITES 附录 II　　**贸易类型**　活体为主

分　布　印度尼西亚

⊙ 鉴别特征　体长约 32 cm。成鸟体羽主要为黑色，具金属光泽；眼周裸露皮肤灰黑色；头部、喉部、背部均为黑色；两翼黑色，翼下覆羽棕黑色，偶见零散的红色斑点；胸部黑色，具不甚明显的鳞状纹，腰部深蓝色；尾羽基部红棕色，末端橄榄黄色，尾下覆羽紫蓝色。虹膜橙红色；喙黑色；跗跖灰黑色，胫羽黑色。

鹦鹉科

117

黄纹吸蜜鹦鹉 *Chalcopsitta scintillata* 别名：黄纹绿鹦鹉

分类地位	鸟纲AVES 鹦鹉目PSITTACIFORMES 鹦鹉科Psittacidae

保护级别	CITES附录II	贸易类型	活体为主

分　布	印度尼西亚

◉ **鉴别特征** 体长约31 cm。成鸟体羽主要为绿色，前额及眼先红色，眼周裸露皮肤灰黑色，顶冠至后颈、耳羽及颊部均为黑色；头部、颈部及胸部带有绿色的放射状斑纹，腹部及背部下方的放射状斑纹为黄色；两翼绿色，内侧覆羽红色；上胸主要为红色，腹部为绿色；尾羽绿色，尾羽内侧基部红色，末端黄色，尾下覆羽绿色。虹膜暗褐色；喙黑色；跗跖黑色，胫羽红色。

华丽吸蜜鹦鹉 *Trichoglossus ornatus* 别名：华丽鹦鹉

分类地位	鸟纲 AVES 鹦鹉目 PSITTACIFORMES 鹦鹉科 Psittacidae

分类地位 鸟纲 AVES 鹦鹉目 PSITTACIFORMES 鹦鹉科 Psittacidae

保护级别 CITES 附录 II　　**贸易类型** 活体为主

分　布 苏拉威西及附近岛屿

👁 **鉴别特征**　体长约25 cm。成鸟体羽艳丽，额头至顶冠蓝色，顶冠与后颈之间有一红色条状斑纹，贯眼纹黑色；耳羽后方的颈部两侧有一黄色的条状斑纹，颏部、喉部及颊部均为红色，胸部红色，具黑色横斑，形成鳞纹，胸侧具黄色斑块；两翼绿色，初级飞羽及次级飞羽内翈黑色；腹部和两胁绿色，具不甚明显的黄色横斑；尾羽绿色，尾羽内侧基部红色，端部黄色，尾下覆羽绿色。虹膜暗红色；喙橙红色；跗跖灰色，胫羽绿色。

彩虹吸蜜鹦鹉 *Trichoglossus moluccanus*

分类地位 鸟纲AVES 鹦鹉目PSITTACIFORMES 鹦鹉科Psittacidae

保护级别 CITES附录Ⅱ　　　　　　**贸易类型** 活体为主

分　布 印度尼西亚、巴布亚新几内亚、太平洋群岛西南部至澳大利亚

◉ **鉴别特征** 体长25～30 cm。成鸟体羽艳丽，本种亚种较多，体色多样；头部、颊部为深蓝色，枕部和颈上部有紫褐色和黄绿色环带；胸部红色，腹部、两胁为暗绿色或蓝色，并具有红色横斑；背部及两翼绿色，翼下覆羽红色，初级飞羽及次级飞羽内侧黑褐色，具显眼的黄色斑块；尾羽绿色，尾下覆羽黄色。虹膜红色；喙橙红色；跗跖铅黑色。

费氏牡丹鹦鹉 *Agapornis fischeri*

分类地位 鸟纲AVES 鹦鹉目PSITTACIFORMES 鹦鹉科Psittacidae

保护级别 CITES附录II　　　　**贸易类型** 活体为主

分　布 非洲中部

鉴别特征 体长约15 cm。成鸟体羽主要为绿色，眼睛外有1圈粗宽的白眼圈，额头、脸颊、喉咙为橘红色；头顶至头部后方为橙棕色，与额头形成较明显的色差；胸部到腹部由黄色逐渐过渡到绿色；两翼主要为绿色，初级飞羽外翈绿色，内翈黑褐色，飞羽内侧为黑褐色，翼下中覆羽蓝灰色；腰及尾上覆羽蓝色，尾羽短而尖。虹膜棕色；喙鲜红色；跗跖灰色。

121

黄领牡丹鹦鹉 *Agapornis personatus*

分类地位	鸟纲AVES鹦鹉目PSITTACIFORMES鹦鹉科Psittacidae
保护级别	CITES附录II
贸易类型	活体为主
分　布	非洲东部

◉ **鉴别特征** 体长约15 cm。成鸟体羽主要为绿色，眼睛外有1圈粗宽的白眼圈，头部、颊部及喉咙均为棕黑色，颈背淡黄色，胸部至腹部由黄色逐渐过渡到绿色，两翼为绿色，翼下小覆羽为绿色，飞羽内侧为灰褐色；腰部及尾上覆羽蓝色，尾羽短而尖。虹膜橙色；喙红色；跗跖铅灰色。

折衷鹦鹉 *Eclectus roratus* 别名：红肋绿鹦鹉

分类地位 鸟纲AVES鹦鹉目PSITTACIFORMES鹦鹉科Psittacidae

保护级别 CITES附录Ⅱ **贸易类型** 活体为主

分 布 印度尼西亚、所罗门群岛、巴布亚新几内亚附近岛屿及澳大利亚东北部

⊙ **鉴别特征** 体长35～42 cm。成鸟雌雄色差极大，雄鸟的深绿色羽毛与雌鸟的鲜红色羽毛形成鲜明对比。雄鸟头部、颈部、背部均为绿色，初级飞羽深蓝色，次级飞羽绿色，翼缘蓝色，翼下小覆羽红色，中覆羽黑褐色，初级飞羽及次级飞羽内侧黑褐色；腹部绿色，两胁红色；尾羽及尾下覆羽绿色，尾羽内侧黑色，末端黄色。雌鸟头部、颈部红色，眼圈蓝色，颈部和背部之间有蓝紫色项链状羽毛，初级飞羽蓝色，翼上小覆羽、中覆羽均为红色，次级飞羽外翈红色，内翈蓝色，翼缘及翼下小覆羽、中覆羽蓝色，初级飞羽及次级飞羽内侧为黑褐色，腹部蓝色；尾羽、尾下覆羽红色。虹膜，雄鸟红色，雌鸟黄色；雄鸟上喙黄色，下喙黑色，雌鸟喙黑色；跗跖灰色，雄鸟胫羽绿色，雌鸟胫羽红色。

绯胸鹦鹉 *Psittacula alexandri*

分类地位	鸟纲 AVES 鹦鹉目 PSITTACIFORMES 鹦鹉科 Psittacidae

保护级别	国家二级、CITES 附录 II	贸易类型	活体为主

分　布	西藏、云南、广西、海南

◉ **鉴别特征**　体长 29～36 cm。雄鸟前额有一黑带，沿两侧向后延伸至眼，下喙基部两侧各有一黑色宽带斑向后斜伸至颈侧，眼先和眼周沾绿色，头部余部紫灰色；后颈及背部为绿色；两翼绿色，翼下覆羽绿色，飞羽内侧为灰褐色；胸部粉红色，腹部、两胁均为绿色；尾羽狭窄而尖，中央2枚尾羽特别狭长，蓝色，基部羽缘绿色，尾下覆羽绿色，尾羽内侧黄色。虹膜淡黄色；雄鸟上喙红色，下喙黑色，雌鸟上下喙均为黑色；跗跖灰绿色。

大紫胸鹦鹉 *Psittacula derbiana*

分类地位	鸟纲 AVES 鹦鹉目 PSITTACIFORMES 鹦鹉科 Psittacidae
保护级别	国家二级、CITES 附录 II **贸易类型** 活体为主
分　布	西藏、云南、四川、广西

◉ **鉴别特征**　体长43～50 cm。雄鸟头部紫灰色或蓝灰色，前额具一黑色横带且向两侧延伸至眼先；颊部、喉部黑色并延伸至颈侧；枕部、背部、腰部及尾上覆羽均为绿色；胸部和上腹蓝灰色，下腹至尾下覆羽绿色；两翼以绿色为主，翼上覆羽略带黄绿色；尾羽绿色或略带蓝绿色，中央尾羽特别长，其余各枚尾羽由中央向两侧长度依次减少。虹膜淡黄色；雄鸟上喙红色，下喙黑色，雌鸟上下喙均为黑色；跗跖灰绿色。

鹦鹉科

亚历山大鹦鹉 *Psittacula eupatria*

分类地位	鸟纲 AVES 鹦鹉目 PSITTACIFORMES 鹦鹉科 Psittacidae
保护级别	国家二级、CITES 附录 Ⅱ　　　贸易类型　活体为主
分　　布	云南

◉ **鉴别特征**　体长 52～60 cm。成鸟通体以绿色为主，雄鸟具宽阔而显著的颈环，前颈颈环为黑色，由颏部黑色的区域延伸而出，后颈为粉红色，枕部略带紫色；两翼绿色，肩部具鲜艳的红色斑块，翼下小覆羽绿色，中覆羽灰褐色，飞羽内侧灰褐色；腹部及两胁黄绿色；尾羽大部分为黄绿色，中央尾羽为淡蓝色，端部为黄绿色，中央尾羽甚长。雌鸟与雄鸟相似，但无黑色及粉红色颈环。虹膜淡黄色；喙红色；跗跖灰色。

红领绿鹦鹉 *Psittacula krameri*

分类地位	鸟纲AVES 鹦鹉目PSITTACIFORMES 鹦鹉科Psittacidae

保护级别	国家二级	贸易类型	活体为主

分 布	西藏、云南、广东、香港

👁 **鉴别特征** 体长约40 cm。成鸟通体以绿色为主，雄鸟颏部黑色，并由此延伸出黑色颈环，至后颈变为粉红色，颈环较窄；翼上草绿色，飞羽下面及翼下大覆羽呈灰色，其余翼下覆羽呈黄绿色；尾羽以绿色为主，中央尾羽特别长且呈蓝色或蓝绿色，端部为黄色。雌鸟与雄鸟相似，但颏部及颈部为绿色，不具颈环。虹膜淡黄色；喙红色；跗跖灰色。其他色型：白色型、黄色型、蓝色型等。

黑卷尾 *Dicrurus macrocercus*

分类地位　鸟纲AVES雀形目PASSERIFORMES卷尾科Dicruridae

保护级别　国家"三有"　　　　贸易类型　活体为主

分　布　除新疆外，国内各省份均有分布

⊙ **鉴别特征**　体长27～31 cm。成鸟通体黑色，具蓝黑色光辉，尾羽黑色，具铜绿色金属光泽，尾形呈叉状，中央尾羽最短，向外侧尾羽逐渐变长，最外侧1对尾羽最长，末端向两侧弯曲并微向上卷曲。虹膜暗红色；喙黑色；跗跖黑色。

棕背伯劳 *Lanius schach*

分类地位 鸟纲AVES雀形目PASSERIFORMES伯劳科Laniidae

保护级别 国家"三有" **贸易类型** 活体为主

分 布 国内多个省份有分布

⊙ **鉴别特征** 体长23～28 cm。成鸟前额、眼先、眼周和耳羽黑色，形成1条宽阔的黑色贯眼纹，头顶至上背多为灰色，颏部和喉部白色；下背、肩部和腰部棕色，翼上覆羽黑色，大覆羽具棕色羽缘，飞羽黑色，内侧飞羽外翈羽缘棕色，初级飞羽基部白色或棕白色，形成白色翅斑并明显露出于两翼覆羽外；腹部近白色，两胁棕红色；尾羽黑色，外侧尾羽外翈具棕色羽缘和端斑，尾上覆羽和尾下覆羽棕红色。虹膜暗褐色；喙黑色，上喙先端向下弯曲成钩状并具有缺刻；跗跖深灰色。

黄颊山雀 *Machlolophus spilonotus*

分类地位	鸟纲AVES 雀形目PASSERIFORMES 山雀科Paridae
保护级别	国家"三有"　　　　　**贸易类型** 活体为主
分　　布	国内多个省份有分布

⊙ **鉴别特征**　体长约15 cm。成鸟前额及头顶黑色，具明显的黑色羽冠，眼先、颊部及耳羽鲜黄色，黄色的细眉纹延伸至后枕而与黑色的羽冠相连，形成1道黑色的眼后纹；颏部、喉部及胸部黑色，胸部的黑色区域向下变窄并延伸至整个腹部；两胁及尾下覆羽深灰色，背部黑色，杂深灰色斑点，两翼黑色，中覆羽、大覆羽、初级覆羽及三级飞羽末端白色，形成白色翼斑；初级飞羽及次级飞羽外翈灰色，形成浅色翼纹；尾羽黑色，最外侧1对尾羽外翈白色。虹膜深褐色；喙黑色；跗跖浅灰色。

蒙古百灵 *Melanocorypha mongolica*

分类地位	鸟纲AVES雀形目PASSERIFORMES百灵科Alaudidae
保护级别	国家二级
分　布	国内多个省份有分布

贸易类型　活体为主

百灵科

● **鉴别特征**　体长17～22 cm。成鸟顶冠纹黄褐色，侧顶纹和枕部棕红色，眉纹近白色，2条眉纹延伸至枕部后相连，翼上覆羽多为栗褐色，具皮黄色羽缘，初级飞羽大多为黑色或黑褐色，次级飞羽主要为白色；上胸两侧有较大的黑色斑块；下体白色；尾较短，外侧尾羽近白色。虹膜褐色；喙灰色；跗跖肉粉色。

鹎科

红耳鹎 *Pycnonotus jocosus*

分类地位 鸟纲AVES雀形目PASSERIFORMES鹎科Pycnonotidae

保护级别 国家"三有"　　　　**贸易类型** 活体为主

分　布 国内多个省份有分布

◉ **鉴别特征** 体长17～21 cm。成鸟头顶至后颈黑色，具一显著的黑色羽冠，眼后下方有一深红色羽簇，形成一红斑，耳羽和颊部白色；颏部、喉部白色且和颊部白斑之间有黑色细线，从喙基沿颊部白斑一直延伸到耳羽后侧；胸部白色，胸侧具一较宽的暗褐色横带，腹部、两胁近白色而略带浅灰色；背部、两翼灰褐色；尾羽黑褐色，两侧尾羽内翈具白色端斑，尾下覆羽红色。虹膜红褐色；喙黑色；跗跖黑色。

白头鹎 *Pycnonotus sinensis*

分类地位 鸟纲AVES雀形目PASSERIFORMES鹎科Pycnonotidae

保护级别 国家"三有" 贸易类型 活体为主

分 布 国内多个省份有分布

🎯 **鉴别特征** 体长17～22 cm。成鸟额部至头顶黑色，脸侧近黑色，眼后具一白色斑向后延伸至枕部相连，耳羽浅灰色；颏部、喉部白色；胸部略带浅灰色，腹部、两胁近白色；背部灰褐色，两翼黄绿色；翼下覆羽浅灰色；尾羽黄绿色。虹膜深褐色；喙黑色；跗跖深褐色。

白喉红臀鹎 *Pycnonotus aurigaster*

分类地位	鸟纲AVES 雀形目PASSERIFORMES 鹎科 Pycnonotidae	
保护级别	国家"三有"	贸易类型　活体为主
分　布	云南、四川、贵州、湖南、广东、广西、海南等	

◉ **鉴别特征**　体长17～22 cm。成鸟额部至头顶黑色且富有光泽，眼先、眼周、喙基部亦为黑色，耳羽银灰色；背部、肩部和腰部灰褐色，具灰白色的羽缘；两翼暗褐色，除外侧飞羽外，其余飞羽外翈具浅灰色羽缘；胸部、腹部、两胁米白色；尾羽黑褐色，先端白色，中央尾羽略具白端，尾上覆羽灰白色，尾下覆羽血红色。虹膜黑色；喙黑色；跗跖黑色。

暗绿绣眼鸟 *Zosterops japonicus*

分类地位 鸟纲AVES雀形目PASSERIFORMES绣眼鸟科Zosteropidae

保护级别 国家"三有"　　　　　　**贸易类型** 活体为主

分　　布 国内多个省份有分布

◉ **鉴别特征** 体长约11 cm。成鸟前额鲜黄色，眼周有1圈白色绒状短羽，眼先和眼圈下方有一细的黑色纹，耳羽、脸颊黄绿色；颏部、喉部、上胸和颈侧柠檬黄色，初级飞羽和次级飞羽外翈羽缘草绿色，内翈灰褐色，翼上覆羽草绿色；下胸和两胁苍灰色，腹中央近白色，臀部黄色；尾羽暗褐色，外翈羽缘草绿色，尾下覆羽柠檬黄色。虹膜褐色；喙灰色；跗跖灰黑色。

画眉 *Garrulax canorus*

分类地位 鸟纲AVES 雀形目PASSERIFORMES 噪鹛科Leiothrichidae

保护级别 国家二级、CITES附录II   **贸易类型** 活体为主

分 布 国内多个省份有分布

◉ **鉴别特征** 体长约23 cm。成鸟额部棕色，头顶至上背棕褐色，头顶、颈背及喉部具深褐色细纹，眼圈白色，并沿上缘形成一窄纹，向后延伸至枕侧，形成清晰的眉纹；喉部至上胸杂有黑褐色纵纹；下体棕黄色，腹中部灰色；尾羽由基部的棕褐色逐渐过渡为末端的深褐色，并具深褐色横纹，尾下覆羽深棕色。虹膜橙黄色；喙黄色；跗跖黄色。

黑领噪鹛 *Garrulax pectoralis*

分类地位	鸟纲AVES 雀形目 PASSERIFORMES 噪鹛科 Leiothrichidae
保护级别	国家"三有"
分　布	国内多个省份有分布

贸易类型 活体为主

⊙ **鉴别特征** 体长约30 cm。成鸟整体呈棕褐色，眼先白色沾棕色，眉纹白色，宽阔而显著，一直延伸到颈侧，耳羽黑色，杂有白纹，后颈栗棕色；颏部、喉部白色沾棕；两翼飞羽黑褐色，外翈棕褐色，内翈棕黄色，翼上初级覆羽灰褐色；颧纹黑色，往后延伸，与黑色胸带相连，胸部、腹部棕白色，两胁棕色；尾羽棕褐色，外侧尾羽具黑褐色次端斑和棕黄色端斑，尾下覆羽棕色或淡黄色。虹膜褐色；喙深灰色；跗跖灰色。

黑喉噪鹛 *Garrulax chinensis*

分类地位	鸟纲AVES雀形目PASSERIFORMES噪鹛科Leiothrichidae

保护级别　国家二级　　　　　　贸易类型　活体为主

分　布　云南、浙江、广东、澳门、广西、海南

◉ **鉴别特征**　体长23～29 cm。成鸟前额蓬松，额基、眼先、眼周、颊部、喉部均为绒黑色，额基黑斑上面紧接一白斑，头顶至后颈灰蓝色，眼后有一大块白斑，颈侧橄榄灰色；背部、肩部橄榄灰色沾绿色；两翼飞羽黑褐色，外侧飞羽外翈灰色，飞羽内侧灰褐色，翼上覆羽与背同色；胸腹部橄榄灰色；尾羽由褐色过渡为末端的黑色。虹膜红褐色；喙黑色；跗跖肉色。

红嘴相思鸟 *Leiothrix lutea*

分类地位 鸟纲AVES 雀形目PASSERIFORMES 噪鹛科Leiothrichidae

保护级别 国家二级、CITES附录Ⅱ　　　**贸易类型** 活体为主

分　布 国内多个省份有分布

◉ **鉴别特征** 体长约14 cm。成鸟眼先淡黄色，前额两侧略带黑色，头顶橄榄绿色，耳羽浅黄绿色，喉部黄色，具黑色髭纹；背部、三级飞羽、两胁、腹部两侧及尾上覆羽灰色，胸部橙黄色至橙红色，腹中线及尾下覆羽浅黄色；初级飞羽和次级飞羽黑色，外翈橙黄色，基部红色；尾羽黑色，分叉，末端略外翻。虹膜褐色；喙红色；跗跖黄褐色。

椋鸟科

鹩哥 *Gracula religiosa*

分类地位 鸟纲AVES雀形目PASSERIFORMES椋鸟科Sturnidae

保护级别 国家二级、CITES附录Ⅱ   **贸易类型** 活体为主

分 布 云南、广东、澳门、广西、海南

◉ **鉴别特征** 体长27～31 cm。成鸟通体以黑色为主，头部和颈部具紫黑色金属光泽，眼先和头侧被以绒黑色短羽，头顶中央羽毛硬密且卷曲，眼下有一橙黄色裸皮斑，与眼下黄色裸皮斑相连的还有一黄色肉垂；背部、肩部具紫黑色金属光泽，两翼黑色，初级飞羽基部白色，形成一宽阔的白色翅斑；颏部、喉部蓝黑色；下体余部黑色，羽缘紫黑色，具金属光泽；尾羽黑色，尾上覆羽具绿黑色光泽。虹膜深褐色；喙橙红色；跗跖金黄色。

八哥 *Acridotheres cristatellus*

分类地位	鸟纲 AVES 雀形目 PASSERIFORMES 椋鸟科 Sturnidae
保护级别	国家"三有" **贸易类型** 活体为主
分　布	国内多个省份有分布

👁 **鉴别特征**　体长23～28 cm。成鸟通体以黑色为主，前额具黑色羽簇，其余体羽黑色而略带灰色，初级覆羽先端和初级飞羽基部白色，形成白色翼斑，尾下覆羽黑色，具白色横纹，尾羽黑色，具白色端斑。虹膜淡黄色；喙淡黄色；跗跖淡褐色。

椊鸟科

家八哥 *Acridotheres tristis*

分类地位	鸟纲AVES雀形目PASSERIFORMES椊鸟科Sturnidae		
保护级别	国家"三有"	贸易类型	活体为主
分　布	新疆、云南、四川、重庆、福建、广东、海南、台湾等		

◉ **鉴别特征**　体长约25 cm。成鸟通体以灰褐色为主，头部、颈部灰黑色，到后颈下部和上胸逐渐变为黑灰色，眼下方至眼后具金黄色裸皮；背部、肩部葡萄褐色；两翼初级飞羽暗褐色，基部白色，形成宽阔的白色翅斑，翼上覆羽和部分飞羽葡萄褐色，腋羽和翼下覆羽白色，初级飞羽和次级飞羽内侧基部白色，端部暗褐色；胸部、两胁及腹部葡萄褐色；尾羽黑色，具白色端斑，尾下覆羽白色。虹膜红褐色；喙黄色；跗跖黄色。

黑领椋鸟 *Gracupica nigricollis*

分类地位	鸟纲AVES雀形目PASSERIFORMES椋鸟科Sturnidae

保护级别	国家"三有"	贸易类型	活体为主

分 布	国内多个省份有分布

◉ **鉴别特征** 体长约28 cm。成鸟头白色，颈黑色，与下喉和上胸的黑色相连，形成一宽阔的黑色领环；眼先、眼周及颊部具黄色裸皮；背部黑褐色，具白色尖端；初级飞羽黑色，先端微白，次级飞羽和三级飞羽黑褐色，具白色端斑，初级覆羽白色，中覆羽和大覆羽具白色尖端；腰部、腹部均为白色；尾羽黑褐色，具白色端斑，尾上覆羽黑褐色。虹膜深褐色；喙黑色；跗跖浅灰色。

红喉歌鸲 *Calliope calliope*

分类地位 鸟纲 AVES 雀形目 PASSERIFORMES 鹟科 Muscicapidae

保护级别 国家二级　　　　　　**贸易类型** 活体为主

分　布 除西藏外，国内各省份均有分布

◉ **鉴别特征**　体长约14 cm。成鸟上体棕褐色，具清晰的白色眉纹和白色颊纹，雄鸟的额部和喉部呈红色，部分个体在红色外围具狭窄的黑色轮廓线，雌鸟喉部则为淡红色或白色，腹部呈白色或淡黄褐色，胁部为褐色，尾下覆羽白色，尾较长，棕色。虹膜深褐色；喙黑色；跗跖粉灰色。

鹊鸲 *Copsychus saularis*

分类地位 鸟纲AVES雀形目PASSERIFORMES鹟科Muscicapidae

保护级别 国家"三有"   贸易类型 活体为主

分 布 国内多个省份有分布

◉ **鉴别特征** 体长约20 cm。雄鸟头部、胸部及上体其余部分蓝黑色，略具金属光泽，腹部白色，两翼近黑色，次级飞羽和部分覆羽呈白色，形成1道醒目的白色翼斑；尾羽较长，中央2对尾羽为黑褐色，外侧尾羽白色。雌鸟上体和胸部呈灰色，其余特征与雄鸟相似。虹膜褐色；喙黑色；跗跖黑色。

麻雀 *Passer montanus*

分类地位　鸟纲AVES雀形目PASSERIFORMES雀科Passeridae

保护级别　国家"三有"　　　　　贸易类型　活体为主

分　　布　国内各省份均有分布

⊙ **鉴别特征**　体长约14 cm。成鸟前额、头顶至后颈栗褐色，眼先、眼下缘黑色，颊部和颈侧白色，在头侧形成一大块白斑，耳羽黑色，在白色的颊部形成一黑斑；颏部和喉部中央黑色；背部、肩部棕褐色，具显著的黑色纵纹；两翼主要为黑褐色，翼上小覆羽栗色，中覆羽和大覆羽具白色端斑，形成2道白色横斑；胸部、腹部灰白色，两胁灰褐色；腰和尾上覆羽褐色，尾羽暗褐色，尾下覆羽灰褐色。虹膜深褐色；喙黑色；跗跖粉褐色。

栗耳鹀 *Emberiza fucata*

分类地位	鸟纲 AVES 雀形目 PASSERIFORMES 鹀科 Emberizidae		
保护级别	国家"三有"	贸易类型	活体、死体等
分　　布	除青海、西藏外，国内各省份均有分布		

◉ **鉴别特征**　体长约16 cm。雄鸟额部、顶部至后颈灰色，有黑色纵纹，耳羽栗色，背部红褐色且有黑色纵纹，翼褐色，羽缘红褐色，尾羽深褐色，外侧尾羽白色，喉部白色，髭纹黑色，与上胸的黑色粗纵纹相连，胸侧红褐色，形成胸带，胁部红褐色，有黑色细纵纹，下腹部白色。虹膜暗褐色，眼圈白色；上喙黑褐色，下喙偏粉色；跗跖粉色。

147

小鹀 *Emberiza pusilla*

分类地位 鸟纲AVES雀形目PASSERIFORMES鹀科Emberizidae

保护级别 国家"三有"　　**贸易类型** 活体、死体等

分　布 国内各省份均有分布

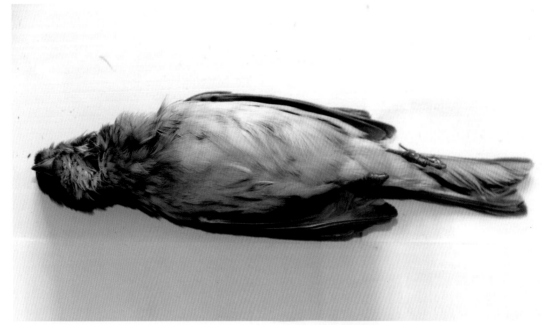

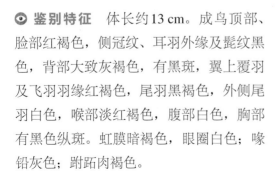

◉ **鉴别特征** 体长约13 cm。成鸟顶部、脸部红褐色，侧冠纹、耳羽外缘及髭纹黑色，背部大致灰褐色，有黑斑，翼上覆羽及飞羽羽缘红褐色，尾羽黑褐色，外侧尾羽白色，喉部淡红褐色，腹部白色，胸部有黑色纵斑。虹膜暗褐色，眼圈白色；喙铅灰色；跗跖肉褐色。

黄胸鹀 *Emberiza aureola*

分类地位 鸟纲 AVES 雀形目 PASSERIFORMES 鹀科 Emberizidae

保护级别 国家一级　　　　　贸易类型 活体、死体等

分　布 除青海、西藏外，国内各省份均有分布

◉ **鉴别特征** 体长约15 cm。雄鸟头部黑色，头顶至背部暗栗褐色，有黑色纵斑，翼黑褐色，羽缘褐色，大覆羽前段及中覆羽白色，形成显眼的白色翼斑，尾羽黑褐色，外侧尾羽白色，颈部及上胸、下腹鲜黄色，胸口有栗色横带，胁部有暗栗色纵斑，尾下覆羽白色。雌鸟头上褐色，有黑色纵纹，眉纹黄白色，耳羽暗褐色，背灰褐色，有黑色纵斑，中覆羽白色，有黑色轴斑，翼、尾羽黑褐色，羽缘淡褐色，腹部淡黄色，胸部无横带，胁上有黑褐色纵纹。虹膜暗褐色；喙近黑色；跗跖黑褐色。

鹀科

栗鹀 *Emberiza rutila*

分类地位 鸟纲 AVES 雀形目 PASSERIFORMES 鹀科 Emberizidae

保护级别 国家"三有"　　　**贸易类型** 活体、死体等

分　布 除西藏、青海、海南外，国内各省份均有分布

⊙ **鉴别特征** 体长约15 cm，雄鸟头部、颈部、喉部、上胸、背部、腰部、翅的繁殖羽及尾上覆羽均为醒目的栗红色，两翼及尾羽黑褐色，具红褐色羽缘，尾羽外侧无明显的白色，下胸明黄色，羽色斑驳。虹膜暗褐色；喙粉褐色；跗跖肉褐色。

参考文献

马敬能，2022. 中国鸟类野外手册：马敬能新编版 [M]. 北京：商务印书馆.

刘阳，陈水华，2021. 中国鸟类观察手册 [M]. 长沙：湖南科学技术出版社.

阳建春，胡诗佳，2016. 常见非法贸易野生动物及制品鉴别图谱 [M]. 广州：广东科技出版社.

赵欣如，2018. 中国鸟类图鉴 [M]. 北京：商务印书馆.

赵正阶，2001 中国鸟类志 [M]. 长春：吉林科学技术出版社.

郑光美，2017. 中国鸟类分类与分布名录 [M]. 3版. 北京：科学出版社.

郑光美，2021. 世界鸟类分类与分布名录 [M]. 2版. 北京：科学出版社.

郑作新，2002. 中国鸟类系统检索 [M]. 3版. 北京：科学出版社.

邹发生，叶冠锋，2016. 广东陆生脊椎动物分布名录 [M]. 广州：广东科技出版社.

附录 鸟类动物历年保护级别

序号	物种	1988年版国家重点		2021年版国家重点		国家"三有"	2013年版CITES附录		2017年版CITES附录		2019年版CITES附录		2023年版CITES附录	
		国家一级	国家二级	国家一级	国家二级		附录I	附录II	附录I	附录II	附录I	附录II	附录I	附录II
1	白眉山鹧鸪					✓								
2	石鸡					✓								
3	中华鹧鸪					✓								
4	灰胸竹鸡					✓								
5	白鹇		✓		✓									
6	白冠长尾雉		✓	✓								✓		✓
7	环颈雉					✓								
8	红腹锦鸡		✓		✓	✓								
9	白腹锦鸡		✓		✓									
10	鸳鸯		✓		✓									
11	小鸦鹃					✓								
12	山斑鸠					✓								
13	火斑鸠					✓								
14	珠颈斑鸠					✓								
15	绿翅金鸠					✓								
16	普通夜鹰					✓								

(续表)

序号	物种	1988年版国家重点		2021年版国家重点		国家"三有"	2013年版CITES附录		2017年版CITES附录		2019年版CITES附录		2023年版CITES附录	
		国家一级	国家二级	国家一级	国家二级		附录I	附录II	附录I	附录II	附录I	附录II	附录I	附录II
17	褐翅鸦鹃		✓		✓									
18	小鸦鹃		✓		✓									
19	绿嘴地鹃					✓								
20	噪鹃					✓								
21	灰胸秧鸡					✓								
22	红胸田鸡					✓								
23	白胸苦恶鸟					✓								
24	黑水鸡					✓								
25	白骨顶					✓								
26	彩鹬					✓								
27	丘鹬					✓								
28	东方白鹳	✓		✓		✓	✓		✓		✓		✓	
29	普通鸬鹚					✓								
30	大麻鳽					✓								
31	黄斑苇鳽					✓								
32	栗苇鳽					✓								
33	夜鹭					✓								
34	绿鹭					✓								

（续表）

序号	物种	1988年版国家重点 国家一级	1988年版国家重点 国家二级	2021年版国家重点 国家一级	2021年版国家重点 国家二级	国家"三有"	2013年版CITES附录 附录Ⅰ	2013年版CITES附录 附录Ⅱ	2017年版CITES附录 附录Ⅰ	2017年版CITES附录 附录Ⅱ	2019年版CITES附录 附录Ⅰ	2019年版CITES附录 附录Ⅱ	2023年版CITES附录 附录Ⅰ	2023年版CITES附录 附录Ⅱ
35	池鹭					✓								
36	牛背鹭					✓								
37	苍鹭					✓								
38	草鹭					✓								
39	大白鹭					✓								
40	白鹭					✓								
41	鹗				✓			✓		✓		✓		✓
42	黑翅鸢				✓			✓		✓		✓		✓
43	凤头蜂鹰				✓			✓		✓		✓		✓
44	黑冠鹃隼				✓			✓		✓		✓		✓
45	蛇雕				✓			✓		✓		✓		✓
46	草原雕			✓				✓		✓		✓		✓
47	金雕	✓		✓				✓		✓		✓		✓
48	凤头鹰				✓			✓		✓		✓		✓
49	赤腹鹰				✓			✓		✓		✓		✓
50	日本松雀鹰				✓			✓		✓		✓		✓
51	松雀鹰				✓			✓		✓		✓		✓
52	雀鹰				✓			✓		✓		✓		✓

（续表）

序号	物种	1988年版国家重点		2021年版国家重点		国家"三有"	2013年版CITES附录		2017年版CITES附录		2019年版CITES附录		2023年版CITES附录	
		国家一级	国家二级	国家一级	国家二级		附录I	附录II	附录I	附录II	附录I	附录II	附录I	附录II
53	苍鹰		✓		✓			✓		✓		✓		✓
54	普通鵟		✓		✓			✓		✓		✓		✓
55	黄嘴角鸮		✓		✓			✓		✓		✓		✓
56	领角鸮		✓		✓			✓		✓		✓		✓
57	红角鸮		✓		✓			✓		✓		✓		✓
58	雕鸮		✓		✓			✓		✓		✓		✓
59	褐林鸮		✓		✓			✓		✓		✓		✓
60	领鸺鹠		✓		✓			✓		✓		✓		✓
61	斑头鸺鹠		✓		✓			✓		✓		✓		✓
62	北鹰鸮		✓		✓			✓		✓		✓		✓
63	草鸮		✓		✓			✓		✓		✓		✓
64	蓝屋鸟						✓		✓		✓		✓	
65	白喉犀鸟			✓				✓		✓		✓		✓
66	花冠皱盔犀鸟		✓	✓				✓		✓		✓		✓
67	戴胜					✓								
68	白胸翡翠				✓									
69	蓝翡翠					✓								
70	普通翠鸟					✓								

155

（续表）

序号	物种	1988年版国家重点 国家一级	1988年版国家重点 国家二级	2021年版国家重点 国家一级	2021年版国家重点 国家二级	国家"三有"	2013年版CITES附录 附录Ⅰ	2013年版CITES附录 附录Ⅱ	2017年版CITES附录 附录Ⅰ	2017年版CITES附录 附录Ⅱ	2019年版CITES附录 附录Ⅰ	2019年版CITES附录 附录Ⅱ	2023年版CITES附录 附录Ⅰ	2023年版CITES附录 附录Ⅱ
71	红隼							✓		✓		✓		✓
72	红脚隼		✓		✓			✓		✓		✓		✓
73	燕隼		✓		✓			✓		✓		✓		✓
74	游隼		✓		✓		✓		✓		✓		✓	
75	粉红凤头鹦鹉							✓		✓		✓		✓
76	西长嘴凤头鹦鹉							✓		✓		✓		✓
77	小凤头鹦鹉							✓		✓		✓		✓
78	戈芬氏凤头鹦鹉						✓		✓		✓		✓	
79	葵花凤头鹦鹉							✓		✓		✓		✓
80	橙冠凤头鹦鹉						✓		✓		✓		✓	
81	白凤头鹦鹉							✓		✓		✓		✓
82	非洲灰鹦鹉							✓	✓		✓		✓	
83	贾丁氏鹦鹉							✓		✓		✓		✓
84	塞内加尔鹦鹉							✓		✓		✓		✓
85	横斑鹦鹉							✓		✓		✓		✓
86	和尚鹦鹉							✓		✓		✓		✓
87	暗色鹦鹉							✓		✓		✓		✓
88	蓝头鹦鹉							✓		✓		✓		✓

（续表）

序号	物种	1988年版国家重点 / 2021年版国家重点		国家"三有"	2013年版CITES附录		2017年版CITES附录		2019年版CITES附录		2023年版CITES附录	
		国家一级	国家二级		附录I	附录II	附录I	附录II	附录I	附录II	附录I	附录II
89	红额亚马逊鹦鹉					✓		✓		✓		✓
90	黄冠亚马逊鹦鹉					✓		✓		✓		✓
91	蓝顶亚马逊鹦鹉					✓		✓		✓		✓
92	橙翅亚马逊鹦鹉					✓		✓		✓		✓
93	太平洋鹦鹉					✓		✓		✓		✓
94	黑头凯克鹦鹉					✓		✓		✓		✓
95	金头凯克鹦鹉					✓		✓		✓		✓
96	鹰头鹦鹉					✓		✓		✓		✓
97	蓝喉锥尾鹦鹉				✓		✓		✓		✓	
98	鲜红腹锥尾鹦鹉					✓		✓		✓		✓
99	绿颊锥尾鹦鹉					✓		✓		✓		✓
100	黑顶锥尾鹦鹉					✓		✓		✓		✓
101	粉额锥尾鹦鹉					✓		✓		✓		✓
102	太阳锥尾鹦鹉					✓		✓		✓		✓
103	红腹金刚鹦鹉					✓	✓			✓		✓
104	金领金刚鹦鹉					✓		✓		✓		✓
105	蓝翅金刚鹦鹉				✓			✓	✓		✓	
106	蓝黄金刚鹦鹉					✓		✓		✓		✓

（续表）

序号	物种	1988年版国家重点 国家一级	1988年版国家重点 国家二级	2021年版国家重点 国家一级	2021年版国家重点 国家二级	国家"三有"	2013年版CITES附录 附录I	2013年版CITES附录 附录II	2017年版CITES附录 附录I	2017年版CITES附录 附录II	2019年版CITES附录 附录I	2019年版CITES附录 附录II	2023年版CITES附录 附录I	2023年版CITES附录 附录II
107	绯红金刚鹦鹉						✓		✓		✓		✓	
108	红绿金刚鹦鹉							✓		✓		✓		✓
109	金色鹦鹉						✓		✓		✓		✓	
110	红肩金刚鹦鹉							✓		✓		✓		✓
111	红额锥尾鹦鹉							✓		✓		✓		✓
112	东澳玫瑰鹦鹉							✓		✓		✓		✓
113	黄领蜜鹦鹉							✓		✓		✓		✓
114	喋喋吸蜜鹦鹉							✓		✓		✓		✓
115	红色吸蜜鹦鹉							✓		✓		✓		✓
116	蓝纹吸蜜鹦鹉							✓		✓		✓		✓
117	黑色吸蜜鹦鹉							✓		✓		✓		✓
118	黄纹吸蜜鹦鹉							✓		✓		✓		✓
119	华丽吸蜜鹦鹉							✓		✓		✓		✓
120	彩虹吸蜜鹦鹉							✓		✓		✓		✓
121	费氏牡丹鹦鹉							✓		✓		✓		✓
122	黄领牡丹鹦鹉							✓		✓		✓		✓
123	折衷鹦鹉		✓											✓
124	绯胸鹦鹉				✓									✓

序号	物种	1988年版国家重点		2021年版国家重点		国家"三有"	2013年版CITES附录		2017年版CITES附录		2019年版CITES附录		2023年版CITES附录	
		国家一级	国家二级	国家一级	国家二级		附录Ⅰ	附录Ⅱ	附录Ⅰ	附录Ⅱ	附录Ⅰ	附录Ⅱ	附录Ⅰ	附录Ⅱ
125	大紫胸鹦鹉		✓					✓		✓		✓		✓
126	亚历山大鹦鹉		✓		✓			✓		✓		✓		✓
127	红领绿鹦鹉		✓		✓									
128	黑卷尾					✓								
129	棕背伯劳					✓								
130	黄颊山雀					✓								
131	蒙古百灵				✓									
132	红耳鹎					✓								
133	白头鹎													
134	白喉红臀鹎					✓								
135	暗绿绣眼鸟					✓								
136	画眉				✓			✓		✓		✓		✓
137	黑领噪鹛					✓								
138	黑喉噪鹛				✓									
139	红嘴相思鸟				✓			✓		✓		✓		✓
140	鹩哥				✓			✓		✓		✓		✓
141	八哥					✓								
142	家八哥					✓								

（续表）

序号	物种	1988年版国家重点		2021年版国家重点		国家"三有"	2013年版CITES附录		2017年版CITES附录		2019年版CITES附录		2023年版CITES附录	
		国家一级	国家二级	国家一级	国家二级		附录I	附录II	附录I	附录II	附录I	附录II	附录I	附录II
143	黑领椋鸟					√								
144	红喉歌鸲				√	√								
145	鹊鸲					√								
146	麻雀					√								
147	栗耳鹀					√								
148	小鹀					√								
149	黄胸鹀			√										
150	栗鹀					√								

注: 1. 1988年版国家重点: 指1988年12月10日经国务院批准的《国家重点保护野生动物名录》（中华人民共和国林业部、中华人民共和国农业部令第1号，自1989年1月14日起施行），目前该文件已失效。

2. 2021年版国家重点: 指2021年1月4日经国务院批准的《国家重点保护野生动物名录》（国家林业和草原局、农业农村部公告2021年第3号，自2021年2月1日起施行）。

3. 国家"三有": 指《国家保护的有益的或者有重要经济、科学研究价值的陆生野生动物名录》（国家林业局令第7号，自2000年8月1日起施行）。

4. 2013年版CITES附录: 指CITES附录I、附录II和附录III，自2013年6月12日起生效，目前该附录已失效。

5. 2017年版CITES附录: 指CITES附录I、附录II和附录III，自2017年4月4日起生效，目前该附录已失效。

6. 2019年版CITES附录: 指CITES附录I、附录II和附录III，自2019年11月26日起生效，目前该附录已失效。

7. 2023年版CITES附录: 指CITES附录I、附录II和附录III，自2023年2月23日起生效。